世界的模样，
取决于你看待她的心情

李晓晶◎著

当代世界出版社
THE CONTEMPORARY WORLD PRESS

图书在版编目（CIP）数据

世界的模样，取决于你看待她的心情 / 李晓晶著 . – 北京：当代世界出版社，2016.10

ISBN 978-7-5090-1116-4

Ⅰ.①世… Ⅱ.①李… Ⅲ.①成功心理—通俗读物 Ⅳ.① B848.4-49

中国版本图书馆 CIP 数据核字（2016）第 149341 号

世界的模样，取决于你看待她的心情

作　　者：	李晓晶
出版发行：	当代世界出版社
地　　址：	北京市复兴路 4 号（100860）
网　　址：	http://www.worldpress.org.cn
编务电话：	（010）83908456
发行电话：	（010）83908410（传真）
	（010）83908408
	（010）83908409
	（010）83908423（邮购）
经　　销：	新华书店
印　　刷：	天津旭丰源印刷有限公司
开　　本：	710mm×1000mm　1/16
印　　张：	16.5
字　　数：	230 千字
版　　次：	2016 年 10 月第 1 版
印　　次：	2018 年 11 月第 2 次
书　　号：	ISBN 978-7-5090-1116-4
定　　价：	38.00 元

如发现印装质量问题，请与承印厂联系调换。
版权所有，翻印必究；未经许可，不得转载！

▶ 前言

在人生旅途上，我们必须弄明白，自己真正需要的是什么。只有知道自己想要的是什么，我们的人生才会有方向，才会更容易成功。很多事情看起来难，但是当你下定决心后，就变得简单了。记住，你的人生从你下定决心那一刻起就开始改变了，你持有的每一个决心、每一分热情，都决定着你的世界的模样。

人应该用乐观的心态看待这个世界。人的一生有太多的酸甜苦辣咸，关键看我们以怎样的心态来面对生活、面对人生。你以愉悦的心情看待人生，人生回报你的也将是一片阳光；你以阴郁的心情去体味人生，它必然给你一个阴雨天。

人应该用自信的心态来看待这个世界。萧伯纳说："有信心的人，可以化渺小为伟大，化平庸为神奇。"没错，自信心是成功的一半。关云长因为自信，才敢单刀赴会；毛遂因为自信，才能勇敢地自荐而出；孔明因为自信，才能从容自然地运筹帷幄；比尔盖茨因为自信，才毅然决然地弃学从商，从而创造了微软天下。自信心的力量是惊人的，它可以改变现状，造就成功结局。

人应该用感恩的心态来看待这个世界。感谢父母给了我们生命，感谢他们抚养我们长大，教育我们，关爱我们；感谢老师给了我们打开知识宝库的钥匙、照亮我们人生道路的灯塔，使我们感受人性的伟大；感谢那些帮助过我们的人，感谢他们在我们忧伤时给予安慰，落魄时给予支持；还要感谢那些在我们生命的历程中，曾给过我们折磨的那些事儿，是一次次的伤害和不幸让我们认清了现实、增长了经验、磨练了意志，让我们鼓足勇气不断地前行。

  人应该用知足的心态看待这个世界。做人切不可贪婪，贪婪会把你带进无限痛苦的地狱，它会耗尽你所有的精力。贪婪是一种自我毁灭，最终会让你一无所获。在生活中，我们要学会淡泊，远离诱惑，控制欲望。

  人应该用放下的眼光看待这个世界。许多事情，总是在经历过以后才会懂得。比如感情，痛过了，才会懂得如何保护自己；傻过了，才会懂得适时的坚持与放弃，在得到与失去中我们慢慢地认清自己。其实，生活并不需要那些无谓的执着，也没有什么真的不能割舍。学会放下该放下的，生活会更容易。

  人应该用淡定的眼光看待这个世界。做人沉稳是成大器者不可缺少的必然条件，而浮躁往往使人们走向失败的深渊。淡定是对浮躁的彻底否定，是一个人修养的最高境界。成功需要时间和努力点滴的累积，要知道，浩瀚汪洋，是由条条溪流汇聚而成；纷繁人生，是由件件小事堆砌而成。每一个不平凡的人生，都源于平凡的生活，千里之行始于足下，只有一步步地累积，才能走出不平凡的成功之路。

  人应该用长远的眼光看待这个世界。俗话说："未雨绸缪。"这告诉我们不要只看眼前的事物，而忘记了对将来的远景规划。一个成大事的人一般目光高远，不会只看眼前而忽视对未来的规划，而是用独特的眼光、全新的视角看待问题。所以，他们往往能够在竞争中取得胜利。

  人应该用创新的眼光来看待这个世界。每个人的生活目的都是为了领略人生最美的风光。但当我们为了实现这个美丽的梦想时，往往会在所选择的道路上摔得遍体鳞伤。那么还有必要坚持下去吗？答案是：坚决地退出，选择崭新的路径，相信通过自己的努力，美丽的梦想一定能够实现。

▶ 目录

001 ▪ 第一章　乐观——用乐观的心态迎接一切挑战

　　　　　　积极心态造就乐观的生活 ▪ 002
　　　　　　发现生活中快乐的一面 ▪ 005
　　　　　　面对苦难，唯有选择乐观 ▪ 008
　　　　　　将痛苦缩小，快乐自然就能扩大 ▪ 012
　　　　　　给困境一个微笑 ▪ 015
　　　　　　微笑生活，才能收获快乐 ▪ 018
　　　　　　乐观心态让烦恼无踪无影 ▪ 022
　　　　　　乐观助你走向成功 ▪ 025
　　　　　　错过也是一种美丽 ▪ 028
　　　　　　别让坏情绪越堆越多 ▪ 031

035 ▪ 第二章　自信——成就一个不平凡的自己

　　　　　　自卑会让人丧失奋斗的勇气 ▪ 036

轻视自己，就会丧失动力 • 039

别让自卑的枷锁捆住了你 • 042

找到闪光点，树立自信心 • 046

不需要用别人的标准来衡量自己 • 049

别将"我不行"说出口 • 052

撕掉过去的标签，才能破茧成蝶 • 055

自信会撑起梦想的天空 • 058

相信自己是正确的，就坚持下去 • 062

坚强点，相信一切都会好起来 • 066

069 • 第三章 感恩——让人生路上充满光明

精彩的人生是在挫折中造就的 • 070

感恩苦难，收获成功 • 073

感恩压力，让自己更加强大 • 076

感谢他人的批评 • 079

永远铭记父母之恩 • 082

感谢朋友，给我关怀 • 085

感恩对手，让你不断前进 • 088

感谢他人的羞辱 • 091

感恩缺憾，发现另外一种美 • 095

099 • 第四章 知足——生活知足，处处都是完美

知足常乐，拒绝贪婪 • 100

选择了简单，人生就更加精彩 • 103

不要做金钱的奴隶 • 107

控制心中的欲念，才能宽心度日 • 110

贫穷也是一种福气 • 113

珍惜拥有，把握住当下 • 117

过于贪婪，你会失去更多 • 120

欲望减少一分，快乐增多一分 • 124

129 · 第五章　放下——放下过去快乐多

　　清空行囊，生活就不会那么沉重 · 130
　　过去不等于未来 · 133
　　过去的就让它过去 · 137
　　不要让过去捆绑了你的手脚 · 140
　　人生是条单行道，没有回头路 · 143
　　把昨天都"归零" · 146
　　把该放下的都放下 · 149
　　放下仇恨，才能拥抱快乐 · 153

157 · 第六章　淡定——不急不躁安心度日

　　顺其自然，活得潇洒 · 158
　　为人要沉稳，切忌冲动 · 162
　　每天进步一点点 · 167
　　善于忍耐，能屈能伸 · 172
　　适当示弱，在稳中取胜 · 176
　　淡定沉稳，小心谨慎才是上策 · 181
　　循序渐进，以免欲速则不达 · 185
　　冷静思考，才能做到淡定从容 · 189

195 · 第七章　宽容——你的世界因为包容而美丽

　　宽容是一种崇高的境界 · 196
　　用宽恕"消灭"敌人 · 199
　　不要把仇恨放在自己的心上 · 202
　　不要把精力虚耗在抱怨上 · 206
　　善待他人就是善待自己 · 209
　　宽容换来内心豁达 · 212
　　宽容给自己带来广阔天空 · 215

219 · 第八章 创新——走出思维定势，开创新天地

　　不能一味地死守规律 · 220
　　不能跟在别人后面走 · 223
　　成功的道路并非独木桥 · 227
　　创新眼界，决定人生境界 · 231
　　打破陈规，才能出奇制胜 · 235
　　创新让人脱颖而出 · 239
　　标新立异，才能独占鳌头 · 243
　　创新就是敢于走自己的路 · 247
　　与世并行，勇于开拓 · 251

第一章
乐观——用乐观的心态迎接一切挑战

人们虽然不能选择自己所处的环境，但是却可以选择自己对待生活的态度。你相信生活有阳光，它就会有阳光；你向生活微笑，它也会毫不保留地向你微笑，给你带来真正的快乐。当你在生活中保持乐观的心态，不放弃希望时，你会获得快乐，会创造出奇迹。

积极心态造就乐观的生活

心理学家曾经做过一个"半杯水实验",这个实验比较准确地检测出乐观者和悲观者的情绪特点。悲观者在面对半杯水的时候,会说:"我就只剩下半杯水了。"乐观者在面对半杯水的时候却会说:"真好,我还有半杯水呢!"心态决定命运。拿破仑·希尔说:"人与人之间只有很小的差异,但是这种很小的差异却可能造成巨大的差异!很小的差异就是所具备的心态是积极的还是消极的,而巨大的差异就是成功和失败。"可见,一个人面对问题的时候,持有什么样的心态,就会有什么样的命运。对于乐观者来说,外在的世界总是处处充满了光明和希望。

消极的心态是失败的源泉,它使人在阴影中失去对生活的信心,从而对生活感到沮丧甚至恐惧。如此一来,他们就会抱怨生活,乃至失去了进取的勇气。

霍华德在美国一家食品冷冻公司当调车员。他工作起来一丝不苟,无可挑剔,然而他性格上有一个缺点,那就是过于悲观。他经常用否定、消极的眼光看问题,结果却招来了大祸。

有一天,同事们都早早下班回家了,只剩下霍华德一个人在忙碌。由于一个小失误,霍华德被关在了一辆冰冻车里,在里面打不开门,对于这一点霍华德是非常了解的。于是,霍华德就使劲地喊救命,拼命敲打车门。但是,全公司的同事们都走光了,没有人来帮他打开车门。敲了半天车门,喊了半天救命,渐渐地他开始害怕,绝望了。因为他想到冰冻车里面的温度是零下30度以下,如果不能出去的话,就要冻死在车里了。想到这里,他变得更加恐惧起来。他拿出身上带的纸和笔,写下了一封遗书。其中有这样一句话:我知道在这么冷的冰柜里,我肯定会被冻死的。

第二天,公司的同事们打开车门时,发现霍华德已经死了。同事们感到很奇怪,因为冰冻车里面的冷冻开关根本就没有启动,温度不可能那么低,再说里面的氧气也充足,可是霍华德怎么说自己是被冻死的呢?

其实,霍华德并非是被冰箱车里的温度给冻死的,他是死于自己心中的冰点。悲观的他根本不相信这辆冰柜车那一天制冷系统没有启动。他坚信自己一定会被冻死,在这种消极心态的影响下,他成了一个悲剧。

积极的心态可以激发出人身上的能量,使人看到生活的希望,时刻保持进取的顽强斗志。选择了积极的心态,就是选择了成功,就能谱写美好的人生。

美国芝加哥有一个名叫迈克的人,在10年前,生了一场大病,等到他康复以后,却又发现自己得了肾病。于是,他又开始四处寻找医生医治,甚至还去找过巫医,可是这些都无济于事。祸不单行,不久之后,迈克又被查出患上了另外一种病,血压也随之高了起来。他赶忙去医院检查,医生告诉他时日已经不多,同时,还建议他赶紧准备好自己的后事。

万分悲痛的迈克回到了家中,写下了遗嘱,然后开始向上帝忏悔自己以前所犯下的各种错误,一个人整天坐在书房里难过。就这样,一个星期过去了。

有一天,迈克突然问自己:你到底怎么了?你现在这个样子简直就像个大傻瓜。一年之后,恐怕你还不会死。既然这样,那为什么不趁现在让自己过得快乐一些呢?

从这以后,迈克开始积极地面对生活,脸上也开始露出了灿烂的笑容,并时常表现出轻松愉快的样子。刚开始的时候,迈克还不适应,但是他暗示自己一定要变得快乐，于是坚持了下来。慢慢地，他的努力取得了成效，发现自己感觉明显比之前好了。这种变化让迈克欣喜不已，也让他更加自信了。一年以后，迈克非但没有死，反而身体恢复了，心情也开朗了。

对此，迈克自豪地说："有一件事情我可以非常肯定：假如我一直想到自己会死去的话，那么那位医生的预言就会实现。实际上，我给了自己一个积极健康的心态，给了身体自行康复的机会。只要我乐观开朗了，一切都好说。"

是的，迈克并没有被病痛的折磨和打击所击倒。这是因为他给自己树立了一个康复的信念，在这个信念的支持下，他从悲观的心态中走了出来，积极地面对生活，最终享受到了人生的快乐。

一个乐观的人在遭遇困境和磨难的时候能做到自我安慰，树立起积极良好的心态，做到自我激励。乐观的人总是让自己保持一颗奋发向上的心，他们总是积极主动，追求自己想要的生活，而悲观的人总是抱怨生活不公，不去改变自己，因而很难感受到幸福。

心理暗示是一种神奇的力量。积极乐观的心态，会让你的生命大放异彩，会使你的人生旅途铺满鲜花。其实，在漫漫人生旅途中，失意并不可怕，受挫也无需忧伤、抱怨。如果用积极乐观的心态去面对生命中的一切，我们就能演奏出一曲生命的最美乐章。

发现生活中快乐的一面

虽然世界上的每个人都是独一无二的,但生活馈赠给每个人的快乐是没有差别的。或者说,快乐根本就没有贫富之分,更也没有贵贱之分。生活在世上,不管你处于一种怎样的地位,都会有自己的烦恼,也会有自己的快乐,但最终快乐与否,就是要看我们是否有乐观的心境,是否能发现生活中快乐的一面。

很久以前,在某个小岛上有一个小国家,这个国家的国王有一个仆人,他非常乐观。无论遇到什么不顺心的事情,即使是坏事,他也能从中找到乐观、快乐的元素。然而,国王有时候却受不了这个仆人的乐观精神。

有一天,国王带着这个仆人到森林中打猎,到了中午,收获了不少猎物。国王非常高兴,便亲自用刀砍柴,准备午饭用的柴火。可是,砍柴过程中出了一点意外,国王由于用力过猛,不小心用刀砍断了自己的小脚趾。这时候,采摘蘑菇的仆人,从远处走来,正好看到了这一幕。国王皱起眉头,大骂道:"这该死的树木,该死的刀,让我失去了一根脚趾。"

乐观的仆人立即上前安慰国王说:"国王您息怒,这是一件好事啊。"国王正在气头上,听到这话,心里更加不爽,对着仆人嚷道:"你刚才说什么?你敢再说一遍吗?"

仆人肯定地说:"这是一件好事啊!也许这次意外能给您带来意想不到

的好处呢？"

国王大怒，心想："这个小小的仆人也竟敢嘲笑我。"于是国王抓起仆人，把他扔进枯井里，一个人骑马回城堡去了。

让人没想到的是，在返回城堡的路上，势单力薄的国王被一帮土著人抓住了，并被当作献给山神的祭品。土著人把他带到了部落的大祭司面前，大祭司认真检查了这个活祭品，发现祭品少了一个小脚趾。于是，大祭司说："这个祭品不完整，不能用来祭祀神灵，否则就是对神灵的不敬。你们还是找一个健全的人来，放他回去吧。"

这个国王被释放后，马不停蹄地赶回了城堡，庆幸自己捡回了一条命。回到了城堡，国王突然想到了那个仆人的话，觉得他说得非常在理。于是国王亲自带着一支队伍来到了森林的枯井旁。当国王达到枯井时，本以为那个仆人肯定在悲伤地哭泣，却没想到他竟然在那里快乐地唱着歌，丝毫没有担忧的样子。国王把他救出来以后，真诚地对仆人说："你说的对，幸好这场意外，我才没有成为神灵的祭品。他们看到我少了一个脚趾，就放我回去了。我真不应该把你扔到枯井里。"

仆人说："不，国王，幸好您把我丢在了井里。"

国王不解，问道："你这次又想说什么呢？"

仆人解释说："如果不是您把我扔在井里，救了我一命，也许我现在在天上成为神灵的仆人了。"

国王听了，哈哈大笑起来。

悲观的人总是在叹息：我的快乐在哪里？我到哪里寻找快乐呢？又是谁抢走了我的快乐呢？事实上，快乐是一种心情、一种心态，别人根本无法剥夺。心态的调节作用是巨大的，只有保持一颗乐观的心，就能够看到美好、看到希望，从而心情愉快，使得快乐常驻心田。有了这样的乐观心态，就能坦然地面对得失，进而收获更多的快乐。

曾经有一位哲学家不小心掉进了水里，被人救上岸后，他说出的第一句话竟是：呼吸空气是一件多么幸福的事情。据说，这位哲学家活了整整100岁。就在临终之际，他还是微笑着、平静地重复那句话："呼吸是一件十分幸福的事。"正是这种乐观的心态让他更加珍惜生命，快乐地生活着，而在这个过程中，他也是很幸福的。

人生不过短短几十年，如果总是悲观地看待这个世界，那么快乐何在？很多人因为生活中的得失而备受折磨，其实有得必有失，一时的得失不会影响人生的进程，如果你总是把一时的得失挂在心头，不能释然，那么，内心也就得不到平静和快乐，而如果能够乐观地看待这些得失，就会少一些烦恼，多一些快乐。

选择快乐，快乐才会选择你。选择快乐让我们拥有好情绪，反过来，如果我们选择用一种抑郁的心情去体味人生，那么，我们的一生也就会充满折磨和煎熬。用积极乐观的态度看待人生的人，在生活中也定是十分受欢迎的人。

从前，有一个农夫家里有两个水桶，它们一同被吊在井口上。其中一个对另一个说："你看起来闷闷不乐，有什么不愉快的事吗？"

"唉！"另一个回答，"我常在想，这真是一场徒劳，多没意思。常常是这样，刚刚重新装满，随即又空了下来。"

"啊，原来是这样。"第一个水桶说："我倒不觉得如此。我一直这样想：我们空空地去，装得满满地回来！"

人不应该让抱怨左右自己，不应把计划和行动都与情绪扯上关系。无论你的处境对你来说多么艰难，你都应努力去支配和改变你所面临的环境，始终让自己保持乐观的状态。

要想快乐地生活，就需要拥有乐观的态度。乐观是快乐人生的催化剂，乐观的心态让我们拥有更多的快乐，而生活中的情趣则是需要我们用心去体会。只要我们能够时时看到好的一面，我们就能够开心快乐地享受每一天，人生就会充满快乐与幸福。

面对苦难，唯有选择乐观

生活不可能一帆风顺，没有挫折苦难是不可能的。我们应该怎样面对生活中的挫折？是乐观豁达，还是消极抱怨，都在个人的选择。有的人对生活有乐观的态度，有的人则是对生活很悲观，两种截然不同的生活态度决定了他们具有不同的人生。乐观的人对生活充满了希望，为了希望，他们积极进取，那么逆境也会成为顺境，直至获得最终的成功。悲观的人则是消极颓废，遇到一点不如意就抱怨，对生活充满了失望，在失望的指引下，他们怨天尤人，在人生旅途中迷失了方向，浑浑噩噩一生，最终一事无成。对那些悲观沮丧、心态消极的人而言，再多的抱怨也改变不了现实的残酷。所以，遇到问题时，我们不应该埋怨生活，而是需要转换一下思想。

或许有人说，有些事情根本就不会让人有一个好心情，根本就乐观不了。其实，这种想法是错误的，因为任何事情都不是绝对的，而是相互联系的，在一定的条件下可以相互转化。让"悲观"化成"乐观"，只要我们调整一下心情，不过，最关键的还是要看我们有没有乐观的心态。

有人说："人之所以幸福，是因为它的心灵感到幸福。乐观的人始终成就乐观的人生，悲观的人只能躲在岁月的角落里偷偷地哭泣，面对人生，我们所能选择的只有乐观。"

曾经有一位游学的哲学家,来到了一个村庄,遇到了一位老婆婆,在老婆婆家里借宿的几天之中,他发现老婆婆每天都抱怨不停。这个哲学家感到非常不解,就问老婆婆:"你为什么每天都抱怨呢?是遇到了什么麻烦的事情吗?我有什么可以帮助你的?"老婆婆对哲学家说:"我有两个儿子,大儿子是卖布鞋的,小儿子是卖雨伞的。天气好的时候,我很担心小儿子的生意不好,所以我忍不住抱怨;到了下雨天,我又担心大儿子的布鞋卖不出去,想到这里我也忍不住抱怨。什么时候,能让他们的生意都好呢?"

哲学家听完老婆婆的话,明白了其中的缘由,想了片刻,说道:"老婆婆,你这样想可就不对喽。如果我是你的话,我会觉得每天都开心。"

老婆婆不解,问道:"你为什么这样说呢?"

哲学家耐心地说:"你为两个儿子的生意担心,出发点是好的,可是你为什么就不能为他们感到高兴呢?你可以这样想,天气好的时候,你大儿子的布鞋生意一定会好;下雨的时候,你小儿子的雨伞生意肯定也会好。既然他们的生意都会好,你为什么还要难过?应该每天都感到高兴才对啊!"

老婆婆听完哲学家的话,顿时开朗了起来。自此之后,她再也不抱怨,再也不为自己的两个儿子担心了。无论是晴天还是雨天,她都是乐呵呵的。

老婆婆用乐观态度面对生活的时候,终于又找回了自己的快乐。可见,乐观给人以希望、给人以力量、给人以快乐,它是幸福的源头、快乐的种子、生活的开心果。乐观的感觉,真的很不错。

乐观像是一座灯塔,在你失望的时候,指明你前进的方向;乐观是一杯甘甜醇香的美酒,在你烦躁的时候,为你的人生送去一丝清凉;乐观是一把锋利的武器,在你前进的时候,为你披荆斩棘。

1929年的某一天,班·符特生在开车回家的途中,出了意外,车子撞在了一棵大树上,不幸的是,他的脊椎在这次车祸中受了重伤,两条腿因瘫痪而被截肢,自此他再也不能走路,只能靠轮椅移动。这对于正值大好年华的班·符特生来说无疑是一个重大的打击。他最初无法接受这个事实，心中充满了愤恨，他抱怨命运，甚至仇视所有想帮他的人。有的时候，他人一句亲切的问候，他都会认为那是对自己的讽刺；有的时候他人一个温和的微笑，他都会认为那是虚情假意。他的脾气越来越古怪，越来越暴躁。

时间一年年过去，班·符特生发现自己一事无成，而且还让人更加疏远自己。渐渐地，他开始认识到别人对他都很好，都有礼貌，都关心他，并没有恶意，自己也应该礼貌地对待每一个人。于是人们惊喜地发现，班·符特生变得活泼开朗、彬彬有礼了。

后来，有人问他，那一场车祸是不是一场不幸的遭遇，让你悲观、抱怨了那么长时间。班·符特生回答说："你以为我的遭遇很悲惨吗？不是这样的。相对于很多不幸的人来说，我已经是个幸运儿了，所以，我不应该消沉下去。这场遭遇是我生命的开始，对我来说很重要。"在震惊和悔恨过后，班·符特生开始积极地面对生活，开始涉猎大量的优秀文学作品，在书海中明白了生活，明白了什么叫理想。

不仅如此，班·符特生还变得善于思考了，他说："有生以来第一次，我仔细地观察这个世界，因而有了真正的价值观。我终于明白，我过去的那些理想和努力，其实不过是在浪费宝贵的生命。"

后来，班·符特生又慢慢地对政治有了兴趣。在潜心研究社会，积极调查各种社会问题的过程中，他逐渐形成了自己的主张。此外，他还坐着轮椅去各地做演讲，他的主张被很多人认可。到了选举的时候，人们并没有在意他残疾的双腿，而是推选他出任州政府秘书长。因为他们坚信这个乐观的人，肯定能够有一番作为。

很多人面对人生的不幸时，只会怨天尤人、自暴自弃，最终悲观地过完一生，一事无成。悲观是失败的根源，是烦恼的土壤，是抱怨结出的苦果。它让人心烦意乱、精神萎靡。悲观的滋味实在是不好尝啊！但是，班·符特生打破了这一切，乐观地面对生活，从此"走"上了成功的坦途。

乐观是一个指南针，让你驶向成功的彼岸，阔步前进；乐观是一剂良药，可以医治苦难的伤痛。为了美好的人生，请让乐观主宰你自己！

二战时期有个普通人名叫埃立特，他被纳粹分子关到了集中营，受尽折磨。不过，他每天都保持着刮胡子的习惯，脸面很清洁。他说："不管你身体有多弱，不管你有没有刮胡刀，哪怕用玻璃片也要刮胡子。因为每天早晨囚犯都要列队接受检查，那些因生病而不能工作的人就会被送入毒气房。假如你刮了胡子，脸色看起来不错，就有可能逃过这样的劫数了。"

在集中营中，埃立特他们吃得少、干得多，身体根本吃不消。很多人在无尽折磨和恐慌之下失去了生存下去的希望，悲凉地离开了人世。

但埃立特却永远那么乐观。当他和同伴们去干活的时候，心里总是想念着家中的妻子，想象着跟妻子重逢的美好画面。当同伴们跌倒了，他搀扶着难友前行，从不抱怨集中营的生活有多苦。他每天都在思考逃走的办法，但是一些同伴们却笑话他，他们悲观地认为没有人能从这里逃出去。即便被同伴们嘲笑了，埃立特也没有停止思考、更没有沮丧，仍然乐观地过着每一天。终于有一天，他成功地逃出了魔窟。

乐观的生活态度改变了埃立特的人生。对于我们来说，我们虽然不能选择自己所处的环境，但是却可以选择自己对待生活的态度。

不过，值得一提的是，并不是一个人有了乐观的心态就是真正的乐观。真正的乐观，不是盲目的，不是不切实际的。真正的乐观态度，是明知前方会有更大的困难和挑战，也相信经过努力会获得成功，无论何时都会对生活抱着积极乐观的看法。

将痛苦缩小，快乐自然就能扩大

现代人常常觉得累，痛苦与焦虑甚至抱怨都在不经意间占据了我们的心灵，让我们负面情绪越积越多，难以自拔。其中固然有世事变化无常的原因，但更重要的一个原因就是我们走入了一个误区——放大了痛苦与焦虑。因此，面临不幸的时候，痛苦被放大了，抱怨也就越来越多了，心情也就越来越糟糕了。

古时候，同村的两个秀才一起赶赴京城参加科考，两人在一个小店租了一间屋子同住。就在考试的前一天晚上，这家店被小偷洗劫了。这两个秀才也不例外，他们身上的钱财以及包袱里的衣服都被小偷偷走了，他们可谓是一无所有了。

在这种打击面前，两个秀才却有不同的心态。甲秀才想："这也许是上天对我的一次重大考验吧。天将降大任于斯人也，必先苦其心志。或许这次一定就能考上。"想到这里，他把钱财、衣服被盗的事情都抛到了脑后，安心地睡了一觉，第二天精神抖擞地走进考场，结果金榜题名。

乙秀才则是想："这下子全完了，要是这次没有考上，又没有了钱财，怎么回家呢？怎么面对父老乡亲呢？"他还不断地抱怨小偷。整晚都想这些事情，第二天心事重重地走进考场，结果名落孙山。

甲秀才之所以能金榜题名，一个重要的原因就是跟他的乐观心态有关，因为他能缩小痛苦，放大快乐。相反，乙秀才之所以榜上无名，与他心事重重有关，他凭空增加了自己的心理负担，放大了痛苦，自然名落孙山。

在上班路上，遇到了堵车可能会迟到，这也是一件普通的事情吧。可是，有的人偏偏进行了无限联想：迟到了不仅会被批评，还会扣奖金，影响到年终考核，甚至影响晋升……根据这个逻辑，可以想象这样的人多么痛苦，活得多么累。结果怎样呢？还不是有百害而无一利。

选择了放大痛苦，那么痛苦就会占满你的视野，你的坏情绪也就会随之放大。在人生路上，背着这么大的痛苦，被这么大的坏情绪影响，你的脚步会越来越沉重，路也会越走越窄。

孩子感冒了，放大痛苦的母亲一边守着孩子，一边又焦急地想到：孩子的学习肯定会被耽误，肯定会影响期末成绩，肯定会影响升学，肯定会影响就业……在他们看来，一场病就耽误孩子的一生。这只会令他们的心灵浸泡在痛苦的泥潭之中，让生命禁锢在痛苦的监牢之中。

卢梭说过："除了身体的痛苦和良心的责备以外，一切痛苦都是想象出来的。"有时候，那些让人伤心、痛苦、焦虑的事情并非有多么严重，只不过有些人容易瞎捉摸，会"想象"出很多痛苦。

有一天，有位老妇人不小心将一个鸡蛋打破了。本来一个鸡蛋破了也不是什么大事。可是，这个老妇人却觉得自己遭受到不可估量的损失。她想：如果这个鸡蛋没有破碎，那么可以孵化出一只小鸡。如果孵化出来的是母鸡，那么它长大后又会产下很多蛋。那些蛋又可以孵化成很多鸡。鸡生蛋，蛋生鸡，这样下去的话，那我岂不是失去了一个养鸡场吗？最后，老妇人痛苦万分。

这听起来似乎有点夸张，但生活中这样的人偏偏大有人在。他们把原本的小痛苦无限放大，结果自己沉溺其中，不能自拔。

心理学家曾做了一个有趣的实验，目的是研究人们常常忧虑的"烦恼"问题。心理学家要求实验者在周末晚上将未来一周内所有忧虑和"烦恼"都写下来，然后投入一个指定的"烦恼箱"里。三个星期之后，心理学家打开了这个"烦恼箱"，经过核实发现，很多人的"烦恼"并没有出现在生活中。看来，烦恼真是人自己寻来的。

放大痛苦的人爱抱怨，因为他们没有认识到痛苦与挫折的客观性。其实，遭受挫折是一件非常平常的事，诸如失恋、被炒鱿鱼、受领导批评等，这些本都是生活的一部分。没有它们，人的生活是不完整的。

放大痛苦的人爱抱怨，因为他们没有找到背后的心理原因。他们不知道是否自己太过追求完美，是否太看重事物的结果，是否太注重他人评价等。

放大痛苦的人爱抱怨，因为他们没有正视现实的能力。苦恼的产生，常常由于生活中有着一些我们不愿面对的现实压力、心理冲突，如婚姻的矛盾、工作的压力、人际的冲突等。由于一时束手无策，所以滋生了抱怨心理。但我们要做的是，学会正视它们，并及时解决它们。

人生本来就是快乐与痛苦并存。有些快乐的事情固然会让人感到快乐，但也会让人感到痛苦。有的痛苦的事情会让人痛苦，但也会有人感到快乐。同一件事情，究竟是痛苦还是快乐，完全取决于你看问题的角度、取决于你的心态。既然快乐和痛苦都来源于自己，我们为何不用乐观的态度来看待事情呢？我们为什么不能缩小痛苦，而将快乐放大呢？

放大快乐，就是珍惜眼前的每一个小小的快乐。清晨起床，拉开窗帘，看到的是好天气；上下班的时候没有堵车；工作的时候被领导赞扬了一句；奖金涨了100块……这些都是值得我们幸福与快乐的理由。将它们当作很大的幸福和快乐对待，定能从中获得持久的回味。

一个人的快乐程度，并非是由他拥有多少决定的，而是取决于他所选择的看待生活的方式。一个悲观的人，即使家财万贯也会每日忐忑不安；而一个乐观的人，即使身无分文却也能享受生活的乐趣。放大快乐，缩小痛苦，其实就是我们要选择的生活态度。即便人生有些许遗憾，但它也会是很美丽、精彩的。

给困境一个微笑

西方有句谚语：成功者都是咬紧牙关让死神害怕的人。一个身处逆境却依然面带微笑的人，要比一个一面临困难就垂头丧气的人有更多成功的机会。这种人在生活中也一定是十分受欢迎的。我们要像成功者那样，咬紧牙关，无论遇到什么境况，都不要松手，面带微笑，相信困难都会过去，那么一切都会好起来。

第二次世界大战期间，盟军在北非获胜的那一天，一位名叫伊丽莎白·康黎的女士收到了国防部发来的电报——她唯一的儿子在战场上牺牲了。

他是她最爱的人，得知这个消息，康黎无法接受这个残酷的事实，几近崩溃。她心灰意冷，痛不欲生，决定放弃工作，远离家乡——去一个不为人知的地方了此余生。

清理行装的时候，她突然发现一封几年前的信，那是她儿子到达前线不久后写来的。

信上写道："妈妈，请你放心，我不会忘记你对我的教导，不论在哪儿，也不论遇到什么，我都要勇敢地面对生活，像一个真正的男子汉那样，用微笑承受一切不幸和痛苦。"

康黎热泪盈眶，把这封信读了一遍又一遍。她仿佛看到儿子来到自己身边，用那双炽热的眼睛注视着她："妈妈，你为什么不照你教导我的那样去做呢？"

伊丽莎白·康黎打消了背井离乡的念头，下决心坚强地活下去。她一再对自己说：我没有起死回生的能力，但我有继续顽强生活下去的勇气！

后来，伊丽莎白·康黎从事写作，出了很多作品，其中有一本叫《用微笑把痛苦埋葬》，颇有影响。书中有这样几句话：

"人，不能陷在痛苦的泥潭里不能自拔。遇到可能改变的现实，我们要向最好处努力；遇到不可能改变的现实，不管让人多么痛苦不堪，我们都要勇敢地面对，用微笑把痛苦埋葬。有时候，生比死需要更大的勇气与魄力。"

最初，母亲教导儿子要勇敢地面对生活。最后，当儿子离去的时候在信中用勇气支撑了绝望的母亲，这是一种生命的反哺。在这个世界上，死亡是最艰难的决定，当你极度悲愤时不要轻生，要用微笑把痛苦埋葬。

微笑是一种表情，更是一种生活态度。快乐也是一天，不快乐也是一天，为什么不让自己快乐呢？越是在最困难的时候越要保持微笑，只有这样才能迎来希望之光。

她是中央电视台一位著名女主持人，她的名字叫欧阳夏丹。

她喜欢笑，笑起来犹如夏日朝阳。每天早晨7点钟开始，她就会带着灿烂的笑容准时出现在中央电视台经济频道早间资讯栏目《第一时间》，将这档新闻节目主持得生动鲜活。

小时候每次考试之后，总有几个成绩不理想的女孩儿伤心哭泣，而她却是个例外。成绩一向优异的她即使偶尔落后，也从没流露出一丝失落，挂在她脸上的始终是开心爽朗的微笑。

上初中时，她的父亲因患肝癌撒手人寰。家里的生活一度拮据到极点，有时候只能用咸菜稀粥充饥。这让活泼爱玩的欧阳夏丹突然清醒了，面对如此恶劣的环境，擦干眼泪的她仍旧面带笑容继续生活，并且在学业上取得了骄人的成绩。

高中学习紧张而充实，她在老师的鼓励下参加学校排演的话剧，并获得了"最佳女主角奖"。这次成功让她更加自信，也明确了自己的兴趣方向。之后，她鼓起勇气报考北京广播学院，并在几千人中脱颖而出。

十几年之后，已经成为上海电视台当家花旦的她，生活有了巨大转变——拥有一份人人羡慕的工作，还买了自己的房子，事业、生活一帆风顺。就在此时，中央电视台突然向她发出邀请。一方面是已经拥有的不小的成功，依靠几年辛苦打拼才积攒下的人脉和地位；一方面是全新的发展机会，却要面临着一切从零开始的挑战。经过慎重考虑，她还是毅然选择北上，在竞争异常激烈的中央电视台开始了新的打拼。

刚到北京时，是她人生最低落、最压抑的一段日子。每天高强度的工作几乎把人拖垮，身体频频亮出红灯的她还得常常承受着巨大的孤独，深夜一个人在医院打吊瓶。以前的同事知道了她当时的处境，都心疼不已地说她傻。然而，回答同事们的依然是她灿烂的微笑。在最苦最难的日子里，欧阳夏丹没有发过一句牢骚，也没有一丝抱怨。

她对自己很了解，能做什么就做什么，她不为难自己，更不会让自己产生挫败感。也因此，欧阳夏丹每一个点都踩得很准，不给自己很大的压力，但随时都像勤劳的蚂蚁储备着本领，等待机会的垂青，快乐地面对生活和事业上的种种。她的乐观感染了身边所有人，大家不再多说什么，只是力所能及地多给她一些帮助。

凭借亲和自然的语言、乐观的性格、不做作的主持风格以及独特易记的名字，最终，欧阳夏丹给越来越多的观众留下了深刻的印象。她以自己独特的魅力迅速成为了央视知名主持人。

"气球里充满了比空气轻的氢气，它才能飞上天空。我的身体里充满轻松快乐的生活理念，所以我能飞翔。"这一直都是欧阳夏丹所遵循的信条。

在纷乱复杂的生活中，不可能事事都能够尽美，不可能件件都很顺心，不尽如人意的事总会发生。遇到日常生活中的这些不如意，用微笑去面对，能达到让人满意的效果。笑对坎坷是一种积极豁达的人生态度，笑对坎坷是人类精神的一种升华。微笑能让人以一种快乐轻松的心态面对今后的道路，这才是生活的本质。

微笑生活，才能收获快乐

快乐与幸福可以说是世人所追求的最理想的生活状态，无论途中遭遇多少坎坷，最终的目的都是为了获得快乐和幸福。长期抱怨的人，就会很容易犯一个错误，那就是助长了自己脑海里的消极想法，他们不会快乐，也不会幸福。也许有人曾经这样说过："我知道我不该抱怨、不该生气，但我不知道该怎么让自己不要抱怨、不去生气。这该如何是好呢？"

其实，有一个方法保证你找得到它，那就是微笑。人生，每天不一定都能得到快乐，但如果碰到了烦恼的事情，记得给自己一个微笑。碰到令自己生气的事情，给自己一个微笑，起码能让自己有一个好心情。微笑，可以让人产生一种豁达的心态。但是因为每个人的经历和对快乐的定义不同，所以快乐因人而异，谁也无法替代谁。乐观主义者说："人活着，就有希望，有了希望就能获得幸福。"他们能于平淡无奇的生活中品尝到甘甜，因而快乐如清泉，时刻滋润着他们的心田。微笑，本身就是一种感情交流的美好神态，对别人真诚地微笑，体现了一个人热情、乐观的心态；对自己微笑，则是一份乐观的自信。让我们的心灵一直生活在愉悦之中，你会发现，生活中的美好并不一定需要真切地寻找，它其实就在我们心中。

那些不善于微笑的人，总是悲观地看待周围的一切，结果就被悲观主宰了。

乐观开朗的小赵大学毕业之后，应聘去了北京的一家大型外贸公司。上班的第一天，小赵非常谨慎，虽然公司离住的地方不远，但小赵为了给公司的人留下一个好印象，还是早早起床洗漱，之后又挑选了衣柜里最贵、也是最正式的一套职业装，把自己打扮得非常精神。本以为，这样能引起公司的领导和同事们的注意，可是事与愿违，到了公司，人力资源部经理把他领到他所在的后勤部之后，就再也没有人搭理他，同一部门的同事们也没有人抬头看他一眼。

小赵在自己的座位上等待领导安排任务，可是等了半天，领导也没有过来。他只好去找部门经理。那位部门经理对他说："小赵啊，把饮水机的水换一换，再去帮大家买些充值卡，捎带着把大家的午饭买回来……"

从此，小赵每到了上班时间，就开始做这些琐碎的事情。过了一阵子，小赵感到非常郁闷和无奈，他也不知道该如何是好，想拒绝又担心部门经理会生气。本来对于他来说，帮助同事是非常乐意的一件事情，可是没有一个人说声谢谢，没有人对他的行为表示肯定。更让他觉得可气的是，仿佛这些琐碎的事情在同事眼中都成了他的"工作"。对此，小赵连续失落了好几天，脸上根本没有一丝笑容，也一直抱怨那个部门经理。就这样，小赵在压抑抱怨中工作了几个月的时间，最后辞职走人了。

此后，小赵的情绪一直很不好，求职中也屡屡碰壁，完全没有了当初的兴高采烈与信心。原本一个乐观开朗的小伙子，变成了一个满腹牢骚的人。

小赵是职场新人，由于没有经验，没有处理好与上司、同事的关系，因而心生抱怨。但抱怨根本解决不了问题，相反，还会让自己的心情一直低落，根本感觉不到快乐。我们周围还有很多像小赵一样的人，抱怨生活不公平、不如意，总是跨不过那扇快乐之门，一直活在抑郁、忧伤之中。

人活一世，肯定会遇到各种各样的情况，这其中肯定也会有让我们感到心烦、让我们抱怨的事情，但这就是生活。很多人在面临这种情况的时候，常常会显得非常低落，甚至是手足无措，爱抱怨、发牢骚。整天沉溺在自己悲伤的情绪中，或者沉浸在无边的恼怒之中，什么时候也发现不了快乐。一个拥有幸福和快乐心灵的人，无论到哪儿，都会悠然自得，快乐无比。

所以说，爱抱怨其实是很愚蠢的。要解决这个问题，非常简单，不管什么时候，不管面临怎样的情况，只要我们能够始终保持微笑。微笑具有不可估量的力量。当你对一个人微笑时，他也会还你一个微笑，你会获得一个好心情。微笑能改变情绪，而情绪能改变你的生活，所以无论在什么情况下，保持微笑，那么你就能轻易获得一个好心情。世界因你的微笑而改变，生活因你的"毫无怨言"而变得更加美好。

刘松是一家金融投资公司的部门经理，在同事们看来，他总是深沉而严肃，一天到晚脸上难以出现一丝笑容。正因为这个原因，所以他没有亲密的朋友，没有谈得来的同事。

他的私生活也是非常糟糕，与太太结婚十多年，日子过得非常枯燥无味。太太这么多年来，也难得看到他微笑一次。为此，太太不止一次抱怨过他。

一天早晨，刘松照例洗漱，准备上班。突然，他从镜子里看到自己绷得紧紧的脸孔，感觉到非常僵硬。他吃了一惊，心中开始不安。后来，他去看了心理医生，将自己的苦水倾倒了出来。医生建议他多微笑，逢人就微笑。

早餐时间，刘松的太太叫他吃早餐，他立刻高兴地回答："我马上来。谢谢你天天为我做早餐，你辛苦了。"说着便满脸笑容地走了过去。谁知他的太太愣了神，没有想到丈夫今天会跟往常不一样。不过，她还是高兴地说："你今天是不是遇到好事儿了？"他愉快地回答说："从今天开始，我们都要生活在喜气洋洋的日子里。"

来到公司，他微笑着对前台、清洁阿姨以及同事们热情地打招呼。同事们在诧异和好奇中慢慢地接受了他，喜欢上了他，并对他投以微笑。慢慢地，他跟同事们打成了一片，无形之中关系拉近了不少。如今的他跟之前完全是两个人，之前他阴沉、严肃，而现在他快乐、充实，心情格外愉快。

如果你能意识到自己不该抱怨的话，那就应该时刻保持微笑，积极调控情绪，多和积极阳光的朋友往来，每一天都在愉快的环境中度过。

无论生活给了你多少失落、多少波折，人生给了你多少辛酸，如果你给生命一个微笑，让微笑的花朵永不凋谢，那么你就能拥有一份内心的宁静与淡然，就一定能够披荆斩棘，攻坚克难。给生命一个微笑，你的生命将因微笑而精彩，你的微笑同时也将因生命而美丽。在你微笑的过程中，往往就会温暖更多的人，如此一来，你周围的抱怨就会更少，自然快乐也就会更多。

乐观心态让烦恼无踪无影

在现实生活中，有众多的不确定因素在作怪，使得人们感受不到快乐，于是人们就陷入了绝望与抑郁的境况中。诚然，这些因素的确是导致人们不快乐的几个方面，但有一个更重要的方面，那就是人们在生活中有了太多的牢骚与抱怨。遇到了困难，人们习惯了抱怨，遇到了挫折，人们习惯了牢骚，他们没有去主动改变。这就使得他们在抱怨的泥潭中不能自拔，快乐自然也就远离他们而去。

圣严法师说："只要自己的心态改变，环境也会跟着改变，世界上没有绝对的好与坏。"对于我们而言，当面对同样的一件事情的时候，不同的人会有不同的心态表现，这些不同的表现往往就会造成不同的心理感受。我们要想快乐一些，其实很简单，只需要你换一种心情看待那些不顺心的事情。从不同角度，抱着不同心情看，那么结果可能就是另外一个样子。

王小峰作为一家公司的市场部的经理，由于工作的需要，经常到各地出差谈生意。有一年夏天，他到海南谈生意，在机场出站口打了一辆出租车去宾馆。还没有上车，他就发现这辆车外观要比其他的出租车光鲜亮丽，并且这个司机穿着整齐，非常得体。上了车，王小峰发现车内的布置也非常温馨，让人感到十分舒服。

在去宾馆的路上，出租车司机温和地问王小峰车内热不热，需不需要开空调,还问他要不要听听音乐,看看当天的报纸。

王小峰对这位司机的"增值"服务感到非常诧异,不敢相信这么周到且热心的服务会发生在自己身上。不过,王小峰并没有看出这位司机有什么企图,而是从司机脸上看到了真诚。其实,王小峰并不满意这次的出差,因为他事先安排好了周末跟父母和妻子团聚,一家人出去游玩。可是,总部的安排彻底让这个美好的周末计划泡了汤。一路坐飞机过来,王小峰一直都闷闷不乐,直到见到这么热心的司机,他的心情才好了许多。王小峰开始跟司机交谈,好奇地问他:"我感觉你的服务很周到,并且与众不同。请问你是从何时开始这样服务的呢?"

司机温和地笑了笑,并没有直接回答他,而是对他说:"将近十年来,我一直开出租车。起初我没结婚的时候,收入还不错,每年还能攒下一部分钱。可是自从结婚以后,压力就逐渐增大了。加上这几年出租车竞争越来越激烈,所以收入远远不足以承担家庭的开支。孩子上学需要钱,老婆工作不稳定,说不定什么时候失业。为此,我经常抱怨工作辛苦,活得非常疲惫和痛苦,觉得人生没有意义。不过,我的生活状况并没有因我的抱怨而发生改变,更糟糕的是,我的心情反而越来越差。直到有一天,我搭载一位老教授去火车站,他看到了我的颓废状态,对我说了一番话。他说:'如果你觉得日子不如意,那么接下来所有发生的事情都会给你带来坏心情,如果你换一种心态的话,也许生活并不是那么糟,你也不用活得这么痛苦。'我听了他的话,意识到了自身的问题:整天抱怨生活不如意,不但改变不了现实,而且还会让自己越来越痛苦。人要快乐,就要停止抱怨,我想,也许我该改变一下接下来的生活方式了。从那时起,我就开始将我的快乐带给我的乘客。我也从中得到了更多的快乐。这就是我现在的生活。"

听了这位司机一番话,王小峰陷入了深思当中。

的确,我们总会遇到一些不随人意的事情,如果常常因为一点不顺心的事就抱怨,请你自问抱怨能否改变这个糟糕的现实?它能让你快乐吗?这就是王小峰刚开始时候的心理,因而他闷闷不乐。相反,是司机乐观的生活态度感染了他，给了他人生的启示。

在现实中，人们总会发现抱怨的人远比乐观快乐的人多，几乎没有人因为抱怨而得到快乐。同时也会发现，很少有人愿意跟爱抱怨的人来往，惹来一身的麻烦。所以，要想生活得更快乐，就要停止抱怨，哪怕稍微改变一下，将抱怨转移到其他方面呢？

有一天，艾丽莲太太在自己后花园剪草，7岁的儿子鲍伯见状，也缠着妈妈教他怎么用剪草机剪草。艾丽莲认真教导儿子，没一会儿工夫，鲍伯就掌握了要领。此时，艾丽莲听到厨房的水沸腾的声音，于是就赶紧奔向了厨房。等到艾丽莲忙完之后，再次来到花园一看，被眼前的状况惊呆了：鲍伯正在用剪草机破坏花圃，将她最喜爱的那些花草全都剪掉了。

艾丽莲太太非常生气，数落了鲍伯一顿。正在这时，艾丽莲的丈夫克里斯回来了，他看到后花园的状况，再看看儿子，马上就明白了是怎么回事。克里斯又看了看怒气冲冲的妻子，对她微笑着说："亲爱的，养孩子才是我们最大的幸福，这些花还都可以再种，你说对吗？"几秒钟后，艾丽莲太太对着儿子笑了笑，用手轻轻抚摸了儿子的头，一切都归于平静了。

既然不随人意的事情已经发生了，我们要做的不是去抱怨，而是像艾丽莲太太一样让心境恢复平静，这样一来，你就会有一个好心情，你的生活会有想象不到的大转变，你的人生也会更加地美好、圆满。

美国有个著名演员，有一次她遇到了一个穿着破烂的女人。这个女人对演员说："我的儿子得了重病，正在医院抢救，可是还差2000美元手术费。如果我交不齐这笔费用的话，我的儿子就危险了。"这个善良的演员听完之后，二话没说就给了那个女人2000美元。

第二天，演员的经纪人告诉她："告诉你一个坏消息，昨天的那个女人就是一个骗子，她根本就没有儿子，你上当受骗了。"然而，这个演员并没有抱怨自己失去了2000美元，而是对她的经纪人说："这也不是坏事，这说明没有小男孩面临死亡啊。"

所以，我们与其抱怨，不如自己有一个好心态。这样我们才会减少烦恼，也只有这样，我们才能真正领略到生活的快乐。

乐观助你走向成功

心态对于我们的人生起着十分重要的作用。没有好心态，可能我们的一生将会是失败的、灰色的。生活中，我们难免会遇到这样或者那样的挫折和打击，然而，当我们以不同的心态去面对，事情的结果就会截然相反。

悲观的人心中横亘着沙漠，心的荒漠会刮起风沙，把希望掩埋；乐观的人心中流淌着清泉，心有清泉会灌溉出绿洲，绿洲会给你带来生命和希望。悲观的人眼中只有残缺和遗憾，只会怨天尤人，求全责备；乐观的人可以变残缺为完整，变遗憾为完美。悲观的人心态如红日西斜，在他们看来，夕阳已近黄昏；乐观的人心态如朝阳初升，在他们眼中，每天的太阳都是新的。悲观的人暮气沉沉，永远充满失望、悔恨与自责；乐观的人生机勃勃，永远充满了希望、朝气与喜悦。

不同的心态，不同的生活，让自己内心充满阳光，不仅可以照亮自己，也会照亮别人。因此，学会乐观地面对生活，生活将会回报你更多机遇和快乐。

两个青年到一家公司求职，经理把第一位求职者叫到办公室，问道："你觉得你原来的公司怎么样？"求职者面色阴郁地答道："唉，那里糟透了。同事们尔虞我诈，钩心斗角，部门经理粗野蛮横，以势压人，整个公司暮气沉沉，生活在那里令人感到十分压抑，所以我想换个理想的地方。"

听到这样的话，经理觉得他心态过于阴郁，对他说，"我们这里恐怕也不是你理想的乐土。"于是这个年轻人满面愁容地走了出去。

第二个求职者也被问到这个问题，他答道："我们那儿挺好，同事们待人热情，乐于互助，经理们平易近人，关心下属，整个公司气氛融洽，生活得十分愉快。如果不是想发挥我的特长，我真不想离开那儿。"

"你被录取了。"经理笑吟吟地说。

一味抱怨的悲观者，看到的总是灰暗的一面，即使来到春天的花园里，他看到的也只是折断的残枝，墙角的垃圾，而乐观者看到的却是姹紫嫣红的鲜花、飞舞的蝴蝶，自然，他的眼里到处都是春天。没有人喜欢和整天悲悲戚戚、抱怨不休的人在一起。以乐观的心态去看待生活，生活才会同样乐观地回报你。

美国有两家鞋厂为了开发市场，分别派业务员前往非洲考察当地鞋的需求量。甲厂的业务员考察回来，立刻晋升为主管，乙厂的业务员考察回来，却从此被冷落在一旁。同样去非洲考察，为什么会受到不同的待遇呢？

原来，乙厂的业务员，到了非洲，当天就发了一封电报回厂报告。电报的内容是："完了！一点希望也没有，因为这里的人都不穿鞋子。"

而甲厂的业务员到了非洲，当天也发了一封电报回厂报告，电报的内容则是："太好了！希望无穷，因为这里的人都没有鞋子穿。"

同样的事情，同样的状况，乐观者和悲观者想问题的出发点朝着相反的方向进行。心态影响人的思路，悲观者的思维总是定格在那一片阴霾的天地里，而看不到周围美丽的风景。要善于在乐观中撷取精彩，以乐观的态度看待问题，则可以从困境中发现希望。

乐观是成功的一大要诀，悲观则是导致失败的主要原因。悲观者遇到挫折时，总会在心里对自己说："生命就这么无奈，努力也是徒然。"悲观者的天空总是布满乌云，看不到灿烂的阳光，他们常常用消极的眼光来看待事物，无意中就丧失了斗志，变得不思进取。

从前，有一个国王，他想从两个儿子中挑选一位成为王位的继承人，就给了他们每人一枚金币，让他们骑马到远处的一个小镇上，随便购买一件东西回来。在这之前，国王命人偷偷地把他们的衣兜剪了一个洞。中午，兄弟俩回来了，大儿子闷闷不乐，小儿子却兴高采烈。于是，国王先问大儿子发生了什么事，大儿子沮丧地说："金币丢了！"国王又问小儿子为什么那么高兴，小儿子说他用那枚金币买到了一笔无形的财富，足以让他受益一辈子，这个财富就是一个很好的教训：在把贵重的东西放进衣袋之前，要先检查一下衣兜有没有洞。

上天是公平的，它把机会摆在了每一个人的面前，只是有的人发现了，而有的人视而不见错过了。悲观的人，永远只是关注事情的灰暗面，因此他在看问题的时候，就会从灰色的角度出发，看不到机会，看不到希望，而是否定一切。内心的沉重使他举步维艰，悲观如同一层厚厚的云雾，遮盖了心头的阳光，因此使他感受不到温暖，看不到光明。

摆脱悲观的阴影，让自己从失败中解脱出来，换一张笑脸来面对世界，世界才会对你微笑。世界不是一片阴霾和黑暗，灿烂的阳光就在你的身边，你一转身就可以看见。当你立志改变灰色的人生观，以阳光的心态面对生活，树立光明的人生观，成功便不再由"命运"所操纵，而是握在你的手中。

错过也是一种美丽

我们不是圣人，经常会在有意或是无意之中，做错很多事情，错过很多事情。或许你曾经因为疏忽，忘记了与恋人约会的时间，忘记了恋人的生日；或许你忘记了某个重要的面试电话，错过了好工作的机会；或许你错过了最后一班回家的公交车……面对这些，你是不是整天都在抱怨与叹息之中度过呢？

你的回答要是"是"的话，那么请你赶紧停止。因为你的人生大可不必如此，错过了爱情，你还有朋友；错过了工作，你还有自由……也许有一天，你会惊讶地发现：原来错过并不是一件糟糕的事情，反而是一种幸运。既然如此，又何必抱怨与叹息呢？

有一年，美国一所著名的大学要在中国招收学生，名额只有一个。被招收的学生的全部费用将由美国政府来出。很多学生报名参加了初试，但初试结束后，只有十几名学生合格，能进入下一轮的面试。到了面试的那一天，这些学生以及他们的家长都来到长安饭店静候面试。当主考官刚出现在大厅，学生们一拥而上，将他团团围住了。他们用流利的英语跟考官交流，甚至还做起了自我介绍。然而，只有一名学生由于动作太慢，没能接近考官，为此他心里感到了一丝失落与懊恼。

这名学生认为自己不可能被录用了，于是就准备离开。就在此时，他突然发现大厅的角落有一个外国女人，正在茫然地看着窗外。这个学生心想："她不会是遇到什么麻烦了吧？我过去看看能不能帮帮她的忙。"这个学生走近那位女士，有礼貌地跟她打了招呼并简单介绍了一下自己，最后问："您是不是需要帮忙呢？"女士说："谢谢你的好意，我暂时不需要。"接下来，女士又问了一些这个学生的情况，两人越聊越投机，谈得很愉快。

第二天，这个学生收到了主考官的通知，他被录用了。这个学生得知这个消息十分高兴，后来他才知道那位女士，原来是主考官的夫人。

看来，错过了美丽的花朵，收获的并不一定是凋残的树叶，有时收获的就是硕果。所以，当我们用尽心力去争取一件事情而没有得到回报的时候，千万不要悲观失望，更不要停止前进的步伐。因为，前方有更好的机会正在向我们招手。是的，不要再为错过而抱怨了，关键看看你能收获什么。

其实，错过本身就是一种美丽，从长远来看，这些错过也未必就是更大的不幸。如果在种种情绪的背后，你时常为错过感到庆幸而不是抱怨的话，那么恭喜你，你已经学会欣赏错过了。

廖小芳毕业后，进入了北京的一家公司当职员。从住处到公司坐公交车需要花费半个小时的时间。每天一大早，廖小芳都要去挤公交车。虽然，半个小时的路程并不长，可是因为这趟公交车经过地铁，所以每天都是非常拥挤。廖小芳常常因为拥挤而懊恼、抱怨。

有一天，廖小芳起床稍微晚了一点，来到公交站牌挤了三辆车都没有上去。她心里更加懊恼不已，抱怨自己的运气怎么就这么不好。无奈之下，只能等下一辆公交车。等到公交车停靠在站边的时候，人们还是一拥而上，廖小芳虽然"努力"了，可还是被挤了下来。望着渐行渐远的公交车，看着接近上班时间的手表，廖小芳心里更加着急了，心情糟糕透了，决定步行上班去。

就在这时，后面又来了一辆公交车，由于站牌的人已经不多，所以廖小芳顺利地上了车，过了两站，还得到了一个座位。此时，廖小芳感到非常高兴，幸好错过了前面的几辆车。最终，廖小芳踩着时间正好到了公司。看来，上天还是眷顾着她啊！

不管错过了什么，都要淡定地告诉自己，其实，错过也是一种收获，或许我们都还没有看清这些收获，但是它一直都在那里，静静地等待着我们不断地去感悟它、去发掘它、去感知它，直到最终拥有它。

同样的生活，既可以让人意志消沉，也可以让人百炼成钢，其中的关键就是你究竟怎样面对。如果你坚信生活是美好的，并用淡定的心态面对错过，那么你的心情也将是快乐的，而你也会是一个幸运的人。当你不再为错过的或者缺少的东西而怨天尤人，更不必为不确定的将来忧心忡忡时，那么，你也就能够从中得到生活的乐趣，收获属于自己的硕果。

别让坏情绪越堆越多

　　幸福、快乐是每一个人都渴求得到的，然而，在错综复杂、千变万化的生活中，总是会出现令人抓狂的事情。当我们奔波多日，终于找到了一份中意的工作，就要在工作中一展抱负的时候，却发现跟自己同时进公司的同事，工资比自己高许多；当我们熬夜加班好不容易把一个最好的策划方案做成的时候，却有同事对此说三道四，心里有火发不出；当我们做好事，却遭到他人讥讽的时候……于是有人心里就开始抱怨了，进而为了工资而消极怠工，为了反击别人的讥讽而浪费了精力。

　　俗话说："人生不如意事常八九。"有的人遇到不如意的事情之时，内心只会一味抱怨，乃至整天怨天尤人，于是他们终日郁郁寡欢、牢骚满腹。长此以往，抱怨这种毒素在他们心灵的空间中越积越多，等到他们感受到毒气攻心的时候，却为时已晚。曾有心理学家通过实验证实了一个原理，一个人具有坏情绪的时候，会让人更加抑郁。

　　不知你有没有这样的感受，本来遇到了一件倒霉的事，可是祸不单行，接下来又遇到了一连串的倒霉事，心情顿时跌到低谷。倒霉事情乱七八糟，自己的心情也是一团糟，坏情绪越堆越多，苦恼不已。

　　沃尔斯是一家公司的职员，由于工作的需要，平时都得穿着西装和皮鞋上班。沃尔斯非常注重外表，最担心下雨的天气，因为一到雨天，皮鞋会沾水，西裤腿上也会沾上泥巴，为此沃尔斯经常闹心。

有一天，沃尔斯起床晚了，装扮好自己就匆忙地出门了，可是到了门外发现，天上下起了细雨。沃尔斯见状，开始抱怨糟糕的天气。到了公交站牌，雨渐渐大了起来，沃尔斯看看自己的西装，又看了看手表，决定改坐出租车上班。过了一会儿，一辆空车过来了，可是有人捷足先登，沃尔斯没有坐上车。郁闷的沃尔斯开始抱怨自己没有车。又过了一会儿，沃尔斯终于上了一辆出租车，可是刚一坐下，就感受到了一丝凉意，原来座位上有雨水。沃尔斯本就有一肚子火，嘴里不停嘟囔着：早知道这样，我还不如乘坐公交车呢，害得我衣服都湿了，真是倒霉到家了。

下了车，沃尔斯刚进办公室，就被经理叫了过去，说是他的策划方案没有通过，需要重新做。这个策划方案花费了沃尔斯几天的心血，经过多次修改才成形的，可是如今被退了回来，沃尔斯心里怎么想都不是滋味，再想到上班前的种种遭遇，感到又委屈又气愤。一整天，沃尔斯都在浑浑噩噩中度过，没有一点精神劲儿。

这就是抱怨情绪滚雪球的危害。当一件倒霉事来临的时候，随之而来的就是坏心情、坏情绪。所以，当抱怨这种坏情绪出现的时候，就要立即把它扼杀在摇篮里，否则的话，它会越积越多，占领心灵的大部分空间，让你的心情越来越糟。相反地，如果一个人具有好情绪，遇到不顺心的事情时多一些乐观，那么他会有更加舒畅的心情。

在生活中，我们每个人都会遇到困难与挫折，在面对这些痛苦的时候，有些人开始抱怨，为的是得到他人的同情与帮助。这样一味抱怨的人常常不会有进步，只能在原地踏步。他们自己抱怨的种种事情，其实都在折射出他们内心"阴暗"的影子。

林易嘉曾在一所知名的中专院校学习汽车修理，毕业之后，跟几位同学一起如愿以偿地进入了一家有名的汽车修理厂，当一名汽车修理工。可是，从进入修理厂的第一天起，林易嘉发现一切并没自己想象中的那么顺利，于是开始不停地抱怨修理厂，"第一天上班就累死了，我实在不想做这份工作了，每天都对车主强颜欢笑，修理不好还得挨师傅的骂，修车这活真是脏死了，每天身上都有一层油垢……"就这样，林易嘉每天都喋喋不休地抱怨，被不满情绪左右。他认为自己就像是一个卖苦力的奴隶，整天看着师傅和客户的脸色行事，心里极度不爽。一旦有空子可钻，林易嘉就在工作时偷懒耍滑，消极对待自己的工作。

几年的时间很快就过去了，那些跟林易嘉一同进修理厂的同学，有的被送到了大学进修；有的则凭着过硬的修理技术跳槽到了更好的修理厂。唯独林易嘉一个人，还在做修理工，还在不停地抱怨。

对于那些喜欢抱怨的人来说，生活就像一道又一道的可怕围墙，他们永远也走不出这种可怕的牢笼。要知道，生活本就是不完美的，也是不会完全让人满意的，而一旦抱怨成为习惯，在心灵空间越堆越多，这无异于损人又损己，只能活在不顺、不满的生活牢笼之中。

如果在困难面前总是选择抱怨，"这破电脑怎么又系统崩溃了""这鬼天气，又下雨了，把我穿的新衣服都弄湿了""真倒霉，这次又没有升职"……困难就会越来越多，进而你的心情也就会越来越糟。

我们不是圣人，做不到不抱怨，但我们起码可以少抱怨一些，多一些淡定的心态去面对生活。对于不爱抱怨的人来说，生活就是一重又一重的大门，每一重门都能见到阳光，都能见到希望。少一些抱怨，你就会明白生活原本是十分美好的。

第二章
自信——成就一个不平凡的自己

拿破仑·希尔说:"心存疑虑,就会失败;相信胜利,必定成功。相信自己能移山的人,会成就事业,自信可以克服万难。"没有自信,就没有勇敢;没有自信,就没有成功。自信是修养的精神支柱,是超越自我的力量。有了自信,才会有实现理想的动力。自信,是迈向成功的第一步。

自卑会让人丧失奋斗的勇气

自卑心理是指由于不适当的自我评价和自我认识所引起的自我否定、自我拒绝的心理状态。具有自卑心理的人，总是一味轻视自己，总感到自己这也不行那也不行，主观上认为什么也比不上别人，认为自己不够好。心灵一旦被这种情绪浸染，那么后果就很严重，对什么也不感兴趣，于是忧郁、烦恼、焦虑便纷至沓来，让人痛苦不堪。无论对待工作，还是对待生活都是心灰意冷、万念俱灭。更严重的是，你会失去奋斗拼搏、锐意进取的勇气。假如再遇到困难或挫折，更是长吁短叹，怨天尤人，抱怨生活是如此的不公，给予自己太多的坎坷。

有一天，一位十分高傲的武士，来到寺庙拜访禅宗大师。这位武士非常出色，并且具有威名，可是当他看到大师俊朗的外形、优雅的举止时，内心猛然地自卑起来。

他问大师："为什么我突然会感到自卑呢？在我与您见面之前，我还是好好的。可是当我来到您面前的那一刻，就自卑了起来，甚至感到了一丝惊恐了呢？"

大师对他说道："你先去休息一下吧，等人们都离开后，我给你一个满意的答案。"

一整天，前来拜访大师的人都络绎不绝，武士等的不耐烦，但还是坚持了下来。到了晚上，拜访的人都走了，此时武士急切地跟大师说："大师，现在您就告诉我答案吧。"

大师说："你跟我来。"

两人来到了外面，在皎洁的月光下，大师指着树对他说："你看这棵大树，它非常高大，直入云霄。再看看旁边那棵小树，它只有大树的一半高。它们在这里存在好多年了，从来没有发生过什么问题。这棵小树也从没有对大树说：'为什么在你面前我总感到自卑呢？'一个这么高，一个这么矮，为什么我却从未听到它们抱怨呢？"

武士回答说："因为它们不会比较。"

大师微笑着对他说道："既然你已经知道了答案，就无需再问我了。"

自卑者就是因为爱比较才导致的情绪低落、缺乏自信、注意力无法集中、生活丧失乐趣，觉得无论做什么事都无法胜任。在我们的一生中，做决定的时刻毕竟是有限的，而有些重大的决定则会直接影响到我们的一生。由于自卑，我们裹步不前，凡事畏首畏尾，这也就导致我们最终一事无成。自卑的人对自己没信心，容易对自己产生怀疑，从而动摇自己的信念，严重阻碍了人生。

1951年，英国女医生弗兰克林从自己拍摄X射线衍射的照片中发现了DNA（脱氧核糖核酸）的螺旋结构。经过进一步研究，她大胆地提出了一个假说，并对这个假说做了一次演讲。

但是，当时有很多人对她的假说持有质疑态度，甚至怀疑她的照片不真实、不可靠。在这些巨大压力下，弗兰克林也开始怀疑自己：我只是一个普普通通的医生，提出这么高深的理论，好像不是我能力范围能做到的吧？于是她动摇了，在之后否定了自己的假说，并停止了继续研究。然而，两年之后，两位科学家霍森和克里克也从照片上发现了DNA分子结构，提出了DNA的双螺旋结构的假说，并发表了关于DNA结构研究论文。这一假说的提出标志着生物时代的开端，而他们也因此获得了1962年的诺贝尔医学奖。

试想，如果弗兰克林不自我否定，坚持自己的想法，并且继续进行深入研究，那么这一伟大的发现将记在她的名字之下。本来可以取得惊人的发现，却因自卑功败垂成，这不能不让人扼腕长叹。

在现实生活中，很多自卑者常觉得自身缺少某种能力，而认为他人都拥有那种能力，因此开始批判自己，与自己过不去、轻视自己，这也就注定了他们与成功无缘。

英国的一家大公司招聘新员工，面试结束后，请应聘者们回家等待录用通知。在等待的日子里，有一位应聘者一直为此而惴惴不安。一周之后，他终于收到了公司的通知，然而打开一看却是未被录用的通知。他无法承受这个消息，从此一蹶不振，最后竟然选择了自杀。

幸运的是，由于抢救及时，他并没有死去。两天之后，他又收到该公司的一封致歉信和录用通知。原来公司的人事专员粗心大意，弄错了信息。这个人非常欣喜，急忙赶至公司报到。

可是公司人事经理对他说："非常抱歉，你已经被辞退了。"

"为什么？你们不是给了我录用通知吗？"

"我们的确给了你录用通知，但我们得知你自杀的事情之后，就改变了主意。因为我们公司不需要那些因为小事就轻生的人。"

这位应聘者彻底失去了这份工作，其原因就是他偶然受了点打击便轻视自己，对未来不抱有希望，这是心理极度脆弱和自卑的表现。他之所以失去工作，并不是因为竞争对手太厉害，而是因为自己的自卑心理导致的。

其实，在通往成功的道路上，阻碍我们前行的，往往不是别人，而是我们的自卑心理。如果我们一直对自己没有信心，认为自己没有希望，那就更不要指望别人能对我们抱有多大的幻想。这样久而久之，我们的人生就会暗淡无光，碌碌无为。

对于想要成功的人来说，我们没有理由自暴自弃，更没有理由妄自菲薄。所以，自卑者应积极树立信心，及早走出自卑的阴影，做一个自信的自己！

轻视自己，就会丧失动力

为什么有些人会成功，而有些人终身失败？因为成功者选择自己拯救自己，失败者总是自我放弃。英国伟大的哲学家培根说过："人的命运，主要掌握在你自己手中。"当悲惨的命运降临时，有两条路，一条是抗争，一条是放弃。有些人选择了抗争，有些人则选择了放弃。当然，做出不同的选择时，他们的人生也因此而改变，前一种人战胜了命运，他们在不断的磨练中变得坚强无比，铸成了钢铁般的意志力，而后一种人则在悲观、痛苦中默默地消失。

在不断与生活进行着抗争时，只有自己能拯救自己。只要有一丝抗争的勇气，就有一分激动人心的成功希望。

在一次行军中，一支小分队突然遭到敌人的袭击。混战中，有两位战士冲出了敌人的包围圈，结果却发现进入了沙漠中。

在半路上，水喝光了，其中一位战士体力不支，需要休息。于是，同伴把枪递给他，并对他再三吩咐："枪里还有五颗子弹，我走后，每隔一段时间你就对空中鸣放一枪，枪声会指引我回来与你会合。"

然后，同伴满怀信心找水去了，躺在沙漠中的战士却满腹狐疑：同伴能找到水吗？能听到枪声吗？会不会丢下自己这个"包袱"独自离去？

日暮降临的时候，已经只剩下最后一颗子弹，而同伴还没有回来，他确信同伴早已离去，自己只能等待死亡。想象中，沙漠里秃鹰飞来，狠狠地啄瞎了他的眼睛，啄食他的身体……结果，他彻底崩溃了，把最后一颗子弹打进了自己的太阳穴。

枪声响过不久，同伴提着满壶清水，领着一队骆驼商旅赶来，找到了一具尚有余温的尸体……

如果自己从心底否定了自己，最终将会被生活所抛弃。弱者与强者之间，最大的差异就在于意志力的差异。人一旦有了意志的力量，就能战胜自身的各种弱点，从而一步一步地靠近成功。

生活中，不要无端地低估自己、鄙视自己。爱默生说："如果一个人不自欺，也不被欺。"拥有坚定和自信的个性，就不会自欺欺人。总是能对自我和生活做出积极、实事求是的评价，就可以不断地塑造自己的品格。

李·艾柯卡曾是美国福特汽车公司的总经理，后来又成为克莱斯勒汽车公司的总经理。他的一生不光有成功的欢乐，也不乏挫折的懊丧。

1946年8月，21岁的艾柯卡到福特汽车公司当见习工程师，通过自己的奋斗，他最终当上了福特公司的总经理。

1978年7月13日，他被妒火中烧的大老板亨利·福特开除了。他当了8年的总经理，在福特工作已32年，从来没有在别的地方工作过，突然间就失业了。此时，人人都远远避开他，过去公司里的所有朋友都抛弃了他，这是他生命中受到的最大打击。

但他没有倒下去，而是接受了一个新的挑战——应聘到濒临破产的克莱斯勒汽车公司出任总经理。凭借他的智慧、胆识和魄力，艾柯卡大刀阔斧地对企业进行了整顿改革，并向政府求援，舌战国会议员，取得了巨额贷款，重振企业雄风。

1983年8月15日，克莱斯勒还清了所有债务。正是敢于向命运挑战的精神，使艾柯卡成为了一个传奇式人物。

一切的逆境其真实的形态是上升的快速通道。畏惧他人挑战的同时，自己已经是人生的失败者。在懦夫的眼里，干什么事情都是危险的，只有自我放弃才是他们的最佳选择。热爱生活的人，却总是蔑视困难，一往无前，斩获成功的硕果。

尤里乌斯·马吉出生在苏黎世郊区一个贫困的农家，窘迫的家境让他还没有读完初中就开始了艰难的打工生活。但是，经过了很多年，他唯一的特长还只是像父亲那样磨面粉。

父亲曾哀怨地对他说："你这辈子就是磨面粉的命了。"

马吉不甘心地说："不，我不会一辈子迈着沉重的步子，一圈圈地推着磨盘。"马吉有强烈改变现状的渴望，他不希望像父亲那样只会哀叹命运。

父亲去世时，留给他唯一的遗产便是简陋的磨盘。望着那磨盘，不服输的马吉思索着走出窘境的途径。

马吉想起曾经从朋友舒勒医生那里得知——干蔬菜不会损失营养成分。于是他想：若将干蔬菜和豆类放在一起磨，一定会制出营养的汤料，这样，家庭主妇们熬汤就会更快速、方便，这样的汤料一定会受到欢迎。

他立刻借钱购置了设备，开始磨制自己研究的汤料——这也是最早的速溶汤料。产品一投放市场，便大受主妇们的欢迎。初试成功以后，马吉还是继续盯着他的磨盘，思索着接下来该磨出什么样的新产品。经过反复的试验，他终于在1890年研制出了可以改变沙拉、凉菜、鱼肉、汤和配菜味道的万能调味粉。再后来，他又研制出了畅销的浓缩肉食品。

到1901年，他已身价过亿，是一家大型跨国公司的老板了。在苏黎世大学举办的一次演讲中，马吉自豪地告诉人们："即使命运只赠给我两扇简单的磨盘，但我用我的信心、智慧和执着，磨出我的亮丽人生。"

自我轻视的态度从来没有造就出一个真正成功的人，现在不会，将来也不会，充满自信、自尊的人是不会自甘堕落的。所以，永远不要向困难低头，相信自己，充满朝气与希望，昂起头勇敢地面对世界，无论遇到任何困难，都要坚定向前。富有朝气的人不会对自己做的事产生怀疑，而是会发挥所有的能力去抗争命运。

别让自卑的枷锁捆住了你

在日常生活中，我们身边有许多自卑的人，他们面对生活时常缺乏勇气，不敢与强大的外力相抗争，以至于使自己在痛苦的陷阱中挣扎。其实，自卑的人之所以自卑，是因为自卑的思维定式如同一把无形的枷锁，紧紧地束缚住了他们。如果不能将这枷锁挣脱，就可能会走上一条自卑的道路。

有一个小女孩跟爸爸去马戏团看演出，看完表演后，她跟着爸爸来到帐篷外用干草喂那些动物。小女孩看到了几只大象，问爸爸："大象的力气那么大，为什么它们的脚上只系着那么小的铁链呢，管理员不担心它们睁开小铁链逃跑吗？"

父亲笑了笑，耐心地对小女孩解释说："你观察很仔细。但大象是挣脱不开那条小铁链的。这是因为大象在小的时候，就被驯兽师用小铁链绑住了。那个时候，小象力气不大，尝试着挣脱小铁链的束缚，试过几次之后，它们知道自己的力气无法挣脱铁链，于是就慢慢地放弃了挣脱小铁链的念头。等小象长大后，它也就甘受那条铁链的束缚，再也不想逃走了。"

正当父亲解释完后，马戏团突然着火了，大火迅速蔓延到了帐篷外，把草料都烧着了。动物们遇到火灾都焦躁不安，而大象更是频频跺脚，但就是不敢挣脱那条小铁链。火越来越大了，其中一只大象已经被烧着了，只见被灼痛的它，猛然一抬脚，轻易地挣脱了小铁链，迅速地逃到了安全的地方。

另两只大象立即模仿它的动作，挣脱了铁链，逃生了。但其他的大象都不敢尝试，只能在原地转圈跺脚，最终被大火烧死了。

由大象联想到我们人类自身，在我们成长的过程中，也有很多无形的链条在系着我们，当我们甘愿接受的时候，我们就已经被束缚住了。其实，自卑的人也是如此，就是被自卑这个枷锁系住了。如果能将其挣脱，那么你就有机会走上一条与众不同的道路，进而去创造辉煌的人生。

战胜自卑心理，就是战胜一种失去信心的心理。如果这种自卑感得到不控制的话，那么我们就会在不知不觉间给自己的人生蒙上一层阴影。自卑感不是不可克服的，就看你去不去克服了，世界上有许多的成功者都是在克服了自己的自卑后走向成功的。

从前有一位推销员，他在从事这份工作之前，就常常为自己的自卑感到苦恼了。因为每当他站在某位大人物面前的时候，就常常变得局促不安，结结巴巴地连自己都不知道自己在说些什么，不过还好，最终他克服了这个困难。

他在开始从事推销工作之初非常胆怯，虽然对方亲切地款待，但他总觉得自己站在别人面前就会变得非常渺小。他透露自己当时的心情时说："在那些人面前，我觉得自己好像是个小孩。由于自卑感作祟，当时我脑袋里一片空白，原已演练多遍的推销辞令变成乱无章法的喃喃自语。坐在大人物面前，我只觉得自己不断地缩小，他们一个个都变成了可怕的巨人！"

"但这种现象我没让它持续下去，因为我惊觉，如果不想办法扭转逆势，这种工作再干下去也没什么意思，而且那时候我也快被自卑感逼至崩溃边缘，但我又一想，把大人物看成穿开裆裤的小娃儿又会是什么情况？"

"从我开始有了这种想法，便开始尝试，没想到效果出奇得好，当然，他们并不是真正变成小孩子，只是在我眼里他们都成了十四五岁的毛头小伙子。不过，事情真的是有所转变的，他们就像朋友一般，说起话来非常自然，我也一样。自从能站在平等立场与他们交谈之后，我的心情就变得轻松自然多了。从此之后，我的观念就有了很大转变，自卑感也不见了！"

生活是多姿多彩的，当面临很多挑战和困难时，我们把自己的自卑转换成发奋的动力，能使自己走向成功和卓越！纵观一些成功人士，他们之所以能够成功，大多是因为他们挣脱了自卑枷锁的束缚，逐渐树立起了自信。

黛比出生在一个有很多兄弟姐妹的大家庭。从小她就非常渴望得到父亲的赞扬和鼓励，但是由于孩子多，她的父母根本就顾不上她。这种经历使得她缺少自信心，长大成人后依然如此。她后来嫁给一个非常成功的高级管理人员，但美满的婚姻并没有改变她缺乏自信的心态。当她与朋友出去参加社交活动时，总是显得很笨拙，唯一使她感到自信的就是在厨房里烤制面包的时候。她非常渴望成功，但是鼓起勇气从家务中走出去，做出决定去承担具有失败风险的事情，对她来说是想也不敢想的。随着时间的推移，她终于认识到自己要么停止成功的梦想，要么就鼓起勇气去冒一次险。黛比这样讲述自己的经历："我决定进入烹饪行业。我对我的妈妈、爸爸以及我的丈夫说：'我准备开一家食品店，因为你们总是说我的烹饪手艺有多么了不起。'

'噢，黛比，'他们一起嘲笑道，'这是一个多么荒唐的主意。你肯定要失败的。这事太难了。快别胡思乱想了。'你知道，他们一直这样劝阻我，说实话，我几乎相信他们说的。但是更重要的是我不愿意再倒退回去，再像以往那样犹犹豫豫地说'如果真的出现……'"

黛比下决心要开一家食品店。她丈夫最初持反对态度，但最后还是给了她开食品店的资金。食品店开张的那一天，竟然没有一个顾客光临。黛比几乎被冷酷的现实击垮了。她冒了一次险，并且使自己身陷其中。看起来她是必败无疑了。她甚至相信她的丈夫是对的，冒这么大的险是一个错误。但人就是这样，在你已经有了冒险经历以后，再去面对风险就容易得多。黛比决定继续走下去。

一反平时胆怯羞涩的窘态，黛比鼓起勇气，端着一盘刚烘制的热烘烘的食品在她居住的街区，请每一个过往的人品尝。有件事使她越来越自信：所有尝过食品的人都认为味道非常好。人们开始接受她的食品。

今天，"黛比菲尔茨"的名字在美国数以百计的食品商店的货架上出现，她的公司"菲尔茨太太原味食品公司"是食品行业最成功的连锁企业。今天的黛比·菲尔茨已经成了一个浑身上下都散发出自信的人！

人在开始学走路时，第一步是最难迈出的；学习上，第一个字是最难学的；经商时，第一个1万元是最难挣的……所以人们常说："万事开头难。"但是，如果不迈出第一步，怎么能学会走路？如果不迈出第一步，怎么就知道自己不会成功？如果你想成功，就要挣脱自卑的枷锁，勇敢地迈出第一步，努力尝试。勇敢迈出第一步的人，总不会失望而归。畏首畏尾、胆小怕事，终不能成就大事。

找到闪光点，树立自信心

在我们现实生活中，到处存在"残缺"，这是正常的。正因为有它们的存在，我们的人生才会更加丰满。在缺憾面前，我们无需自卑，以包容的心态对待自己的不完美，并从这种不完美中领略另一种美。要知道，有缺陷的人并非是一个无用的人，缺陷只是一个方面，每个人都可以在另一方面发现自己的优势，找到自己的闪光点，从而树立起自信心。

美国第二十六任总统西奥多·罗斯福8岁的时候，有着一副暴露在外、参差不齐的牙齿，经常被小伙伴们嘲笑。当他在教室里背书时，更显得局促不安，他的呼吸急促得好像快要断气了，两腿站在那里直发抖，牙齿也颤动得像要脱落下来一样。他背出的句子含糊不清，没人听得懂。背完了之后，他便疲惫不堪，就像是打了一场硬仗一样。

也许你以为他常常自怨自艾，但事实上他没有因为这种种缺陷而气馁，反而因为有了这些缺陷而加紧了他的奋斗。经过长期的锻炼和学习，他把那常常被人鄙视的气喘改成一种沙声，把牙齿的颤动和内心的畏缩改成卓越的口才和自信的行动。当他看见别的孩子在操场上嬉笑、跳跃、东奔西跑、做着种种激烈的运动时，他也踊跃参加，从不退让。他和大家一样骑马、赛球、游泳、竞走，而且常常名列前茅，并成为业余的运动员。他常以那些坚定勇敢的孩子们为榜样，自己也常体验冒险活动，勇敢地对抗种种恶劣的环境。当他和别人在一起时，他总是用亲密和善的态度去对待任何同伴，主动与他们接近。这样一来，他即使有着内向的自怜心理，也被自己的行动克服了。他深知上帝从来没有创造一个标准的人，只要自己心境舒坦快乐，一切都将顺利得好像预先安排好的一般。

在升入大学前，他就经常自我鞭策，有节律地运动和生活。他一改以前的懦弱，成为了一个精力超众、强健愉快的人。他常常趁假期之暇，到亚历山大去追逐牛群、到洛杉矶去捕熊、到非洲去捉狮子，看到他那种勇敢强壮的姿态，谁还会想到他就是那个曾在学校里受嘲笑的小学生呢？

后来，西奥多·罗斯福成功当选美国第二十六任总统，成为美国历史上最年轻的在任总统。罗斯福因为有缺憾，才有了奋斗的动力。缺憾给他带来了人生的转机，成就了他一生的功名。

强者不是天生的，也有软弱的时候。但强者之所以成为强者，大多是因为他们善于战胜自己的软弱。伟人之所以伟大，在于他们能正视缺憾，始终保持着自信心。其实，战胜自卑的过程，就是锻炼心态的过程，是战胜自我的过程。这就要求我们正确对待自身缺点，把缺点变成动力，奋发向上，以一种积极的态度进行理性的思考，不断把个人独特的力量组成有效的行动，这样就能战胜自卑。

生活中，总有一些人，尤其是那些身体有缺陷的人，抱怨别人的种种幸福跟自己无缘，因而开始自暴自弃，陷入自卑自怜中。殊不知，他们没有看到，失去断臂的维纳斯，她的美不仅征服了西方，也征服了东方。他们没有看到，月亮因为阴晴圆缺，所以才会丰富多彩。那些卓越、出色的人或多或少都有缺陷，但他们却都能在历史的长河中熠熠生辉。

有一个叫黄美廉的女子，自小就患了大脑麻痹症。此病让人肢体失去平衡，手足经常乱动，眼眯着、头仰着、嘴巴张着，口里含糊其辞，模样极为怪异。这样的人其实已失去了语言表达能力。

但黄美廉却凭着惊人的毅力完成了学业，并被美国著名的加州大学录取，后来又获得了艺术博士学位。她靠手中的画笔来抒发自己的情感。

在一次演讲会上，一个不懂世故的中学生竟然大胆地向她提出了这样的问题："黄博士，你从小就长成这个样子，请问你怎么看你自己？"

一语说完，全场静默，人们都暗暗责怪这个学生不敬，但黄美廉却淡然一笑，然后在黑板上写下了这么几行字：一、我好可爱；二、我的腿很长很美；三、爸爸妈妈那么爱我；四、我会画画，我会写稿；五、我有一只可爱的猫；六……最后，她再以一句话作结："我只看我所有的，不看我所没有的！"

黄美廉此举赢得了经久不息的掌声，她以自己的亲身经历，道出了走好人生路的真谛：人不可自卑，要接受和肯定自己。接受自己就是不否认自我，不回避现实；肯定自己就是尽力发挥自己的优势，多看多想自己好的一面，就能增强信心，充满活力。

身体的残缺不是致命的因素，心理的自卑才是最为可怕的。如果你不够完美，那也无需自卑，只要欣然接受，并且用自信心战胜它，那么你一定能成为最优秀的人。

不需要用别人的标准来衡量自己

我们常常发现,生活中有些人总是喜欢拿别人的优点、长处与自己的缺点和短处进行比较,他们总是觉得自己不如别人,久而久之,就会丧失信心,情绪萎靡,然后更加自卑。用别人的标准来衡量自己,只会给人低人一等的感觉。其实,在人生的道路上,每个人的成功都有自己的标准,每个人都有自己的长处,你要做的就是去实现内心的梦想与希望,不要被他人的标准或是话语轻易影响。这样,你就能自信满满,时刻充满着前进的力量。

毕业于美国加州大学的华裔数学家王章程,在毕业之后,他的同学大多数都去了大财团和大公司里工作,只有他一头扎进了加州私人研究室里,一呆就是十年,在这十年中,他的收入非常低,在他30多岁的时候还买不起属于自己的房子。他的同学们早已经是月收入几十万,甚至上百万美元的大老板了。他们开着高档的轿车,住着豪华的别墅,娶了漂亮的妻子。再看看王章程,他连女朋友都没有。但是他不去拿同学们的标准来衡量自己,他只对自己的事业感兴趣。虽然他的生活比别人差了好几个等级,但是他本人好像是浑然不知。在外人的眼中,王章程的生活是世界上最糟糕的一种。

王章程如饥似渴地做着自己的研究。终于,在他35岁的那年,他攻克了世界上两项顶级的数学难题。从这以后，他的成果迭现。美国有十几家大学先后聘请他去任教。很多年过去了，在世界数学界里，王章程被称为"数学之王"。他的那些同学是永远也做不到这一点的。王章程从此过着受人尊敬、衣食无忧的生活。

人不必拿别人的标准来衡量自己，与别人一较高下。因为地球上没有人和你一样，你是独一无二的。你既没办法拿别人的标准来衡量自己，也没办法把自己的标准拿去衡量别人。所以说，我们要相信自己所拥有的潜能，挖掘和发挥自己本身的一切，就能追寻到属于自己的成功。

美国著名女演员索尼亚·斯米茨的童年是在加拿大渥太华郊外的一个奶牛场里度过的。

当时她在农场附近的一所小学里读书。有一天她回家后很委屈地哭了，父亲就问其原因。她断断续续地说："班里一个女生说我长得很丑，还说我跑步的姿势难看。"

父亲听后，只是微笑，忽然他说："我能摸得着咱家天花板。"

正在哭泣的索尼亚听后觉得很惊奇，不知父亲想说什么，就反问："您说什么？"

父亲又重复了一遍："我能摸得着咱家的天花板。"

索尼亚忘记了哭泣，仰头看看天花板。将近4米高的天花板，父亲能摸得到？她怎么也不相信。

父亲笑笑，得意地说："不信吧？那你也别信那个女孩的话，因为有些人说的并不是事实！"

索尼亚就这样明白了，不能太在意别人说什么，要相信自己！

她在20多岁的时候，已是个颇有名气的演员了。有一次，她要去参加一个晚会，但经纪人告诉她，因为天气不好，只有很少人准备参加这次晚会，会场的气氛估计有些冷淡。经纪人的意思是：索尼亚刚出名，应该把时间花在一些大型的活动上，以增加自身的名气。但索尼亚坚持要参加这个舞会，因为她在报刊上承诺过要去参加，她说："我一定要兑现诺言。"

结果，那次在雨中的晚会，因为有了索尼亚的参加，广场上的人越来越多，她的名气和人气也因此骤升。

后来，她又自己做主，离开加拿大去美国演戏，从而闻名全球。

在影响成功的诸要素中，自信是首要因素。有自信，才会有成功。美国作家爱默生也曾说过："自信是成功的第一秘诀。"索尼亚的成功离不开她自信的心态。

别人视你为空想家也好，认定你是怪人也罢，你都不必在意，你必须相信自己。对你而言，失去自信就等于放弃自我。重要的是，不要允许任何人、任何灾难动摇你的自信心。有时你可能会失去财富、健康、名望甚至是别人对你的信任，但是只要你依然对自己拥有坚强的信心，成功就是有希望的。只要你不失去自信心，并且以自信心时刻鞭策自己，那么世界迟早会为你打开一扇大门，让出一条光明之路，所有问题终会因为你的坚定信念而得到圆满解决。

别将"我不行"说出口

世界上没有不可能的事情，不要说"我不行"这三个字。每个人都是不同的，每个人都有自己优秀的一面。人与人之间的差别不过就是在于如何认识、发掘和重用自己。所以，不论多么大的痛苦和挫折，我们都要积极地去面对，不胆怯，也不畏缩，努力突破自己的极限，我们一定会迎来胜利的曙光。如果我们自卑、胆小、懦弱，那么我们就永远不可能成功，所以说，要相信自己，相信天生我材必有用，时刻让自己的人生充满自信的光芒。

穆律罗是西班牙著名的画家，他经常发现学生的油画布上会有未完成的素描，画面相当协调，笔触非常流畅，他对此赞叹不已。不过，穆律罗并不知道这些草图究竟出自何人之手。

一天早晨，穆律罗的学生陆续来到画室，聚集在画架前，欣赏一幅尚未完成的圣母玛利亚的头部画像，这幅画线条优美，轮廓清晰，笔调协调，学生们不由得发出惊讶的赞美声。穆律罗看后同样惊讶不已，还感慨地赞叹道："这位留画者总有一天会成为著名的大师。"穆律罗问学生草图的作者是谁，可是学生都说不是自己画的。

穆律罗转身问颤抖不停的年轻奴仆："塞伯斯蒂，晚上谁住这儿？"

"先生，晚上就我一个人在这儿。"

"那好，今晚你要打起精神来，看看到底是谁画的画。"塞伯斯蒂默默屈膝，恭顺而退。

当天晚上，塞伯斯蒂在画架前铺好床铺，酣然入睡。凌晨3点，他倏然从床铺上蹦起来，抓起画笔在画架前就座，准备涂掉前夜的作品。但他又改变了主意，进入了画画的境界：时而点缀色彩，时而添上一笔，最后再配上柔和的色调。

3个小时之后，天亮了，突然一声轻微的响声，惊动了塞伯斯蒂。他抬头一看，原来是穆律罗和学生们静悄悄地站在周围！所有人的目光都投向塞伯斯蒂，流露出热切的神情，但是塞伯斯蒂却悲切地低下了头。

"谁是你的导师，塞伯斯蒂？"

"是您，先生。"

"我是问你的绘画导师？"

"是您，先生。"

"可我从未教过你。"

"是的，但您教过这些学生，我在一旁听过。"

"哦，我明白了，你的作品很出色。"

穆律罗转身问学生们："他该受惩罚还是该奖励？"

"奖励！先生。"学生们迅速回答。

"那么奖励什么呢？"

有的提议赏给一套衣服，有的说赠送一笔钱，这些无一让塞伯斯蒂动心。最后，穆律罗对塞伯斯蒂说："你的绘画天赋非常好，我穆律罗多么幸运啊，竟然造就出一位了不起的画家！从现在起你就不再是奴仆，我收你为义子，行吗？"

这个故事告诉我们，要充分认识自己的价值，相信自己，千万不要轻视自己，更不要说"我不行"。最重要的一点就是你要认为你能行，然后去再去尝试，在尝试的同时要在心里强化"我行，我一定行"的信念，要肯定自己，让自己信心满满，只有这样，我们才能发挥出自己的潜力。只有这样，我们才能获得成功。

有一个名叫莲娜的小女孩，她一生下来就没有双臂，并且左腿也只有右腿的一半长。当初，在她的母亲分娩之前，医生就曾沉痛地告诉过她的父母："这孩子即使有幸活下来，也会是重度残疾。"

但是，她的父母却平静地接受了这个现实，并且决定要用自己的爱把女孩抚养长大。在莲娜刚开始学走路的时候，她经常跌倒，她曾一度哭喊着想让别人抱她或者扶她，但是他的妈妈总是站在一旁看着她，鼓励她："你爬到墙边，靠着墙就可以站起来了。"

在莲娜6岁的时候，父亲开始教她游泳，在父亲的悉心指导教育下，她慢慢地可以在水中像小鱼儿一样无拘无束地游泳了。几年之后，莲娜接受了正规学校教练的指导，学会了很多不同的游泳技巧，因此她的成绩得到了突飞猛进的发展。

在她15岁的时候。她刷新了瑞典100米蝶泳和200米自由泳纪录，也因此而获得了进入国家代表队接受训练的机会。

莲娜18岁的时候，在法国举行的世界杯游泳赛中获得了四枚金牌，而且还打破了100米蝶泳的世界纪录。

更令人意想不到的是，她的嗓音也是极其的甜美，没有双手，她就用脚趾弹钢琴，她在申请斯德哥尔摩音乐大学的时候，就是用脚自弹自唱了一首名叫《我很丑》的歌。她那十分奇特的表演，感动了所有在座的教授和专家，最终获得了入学资格，进入音乐大学深造。现在，她已经是一名出色的歌唱家了，并经常到世界各地巡回演出。

有位名人曾说："人不是为失败而生的。"不论在什么样的情况下，不论发生任何的事情，只要我们自己相信自己，坚信天生我材必有用，那就一定会取得成功。要知道相信自己并不是一个空洞的口号，而是我们想要获得成功必备的一种素质，相信自己一定能行的人，无论遇到什么样的困难和挫折，都能在积极的心态支配下，坚持到底，不轻言放弃。任何时候，都不能将那句丧气的"我不行"说出口。

撕掉过去的标签，才能破茧成蝶

我们要撕掉过去的标签，不要总认为自己是多么的渺小，不要活在别人给你贴的标签中。要知道，在这个世界上，没有谁是注定会成为伟人的，也没有谁是注定渺小的。只要你敢撕掉过去的标签，不让所谓的过去在自己的身上留下痕迹，那么就没有人能够预测你的未来。只要你肯努力，总有一天会破茧成蝶。

NBA球员卡隆·巴特勒有着不光彩的过去，就像很多黑人球员一样，贫穷、犯罪曾经伴随他的生活，巴特勒说过："打篮球不是压力。"那么他的压力是来自于什么呢？他的压力其一来自于看着自己的妈妈为了养活自己和弟弟每天要做两份工作；其二来自于14岁的时候因为在学校里持有可卡因和枪支遭捕并被判14个月的刑期；其三来自于想让人相信自己能够改过自新。

巴特勒说："当你把生活搞得一团糟，人家把你关在小房间里，和大家都隔离开的时候，你真的需要好好反省反省自己的所作所为了。"

杰梅尔在威斯康星州开办了一个拯救失足少年的活动中心，他帮助巴特勒重新做人，他说："卡隆不是一夜之间就转变的，他明白了要走上正路，必须有耐心。在街头混，做一些惊天动地的事情可以让你一夜成名，同时也能让你一无所有。"

杰梅尔为了进一步打磨巴特勒在监狱中培养起来的篮球基本功，就让巴特勒参加AAU比赛，在一次比赛中巴特勒赢得了最有价值球员称号。且目前为止，NBA球员达柳斯·迈尔斯和昆廷·理查德森都曾经获得过这一荣誉。虽然巴特勒吸引了全国大学的注意，但是很多学校因为他的前科而对他关闭了大门。不过吉姆和Uconn大学给了巴特勒机会，巴特勒进入了NBA。他说："我不是坏人，以前也不是坏孩子，我只是做了一些非常错误的决定。"

巴特勒的经历曾经让他被众人看不起，致使他曾经一度自暴自弃，自卑敏感。不过难能可贵的是他能够改邪归正、浪子回头，摒弃以前的自己，重新做人。其他很多想摆脱街头暴力的孩子，却没有足够的决心让自己从过去中抽身而出，认为自己就是这样了，摆脱不了过去的阴影，永远带着过去的标签，永远不敢抬起头往前看，永远地自卑下去了。

撕掉过去的标签，让我们能够偶尔脱离现状，看清楚自己的位置，让我们明白退步原来即是向前。无论是在现实还是在梦想中，都要告诉自己要破茧成蝶，任何时候都不能丢了这种自信。

曾担任过美国国会参议员的爱尔默·托马斯在15岁那年常常被忧虑恐惧和一些自我意识所困扰。跟同学相比，他不仅长得高，还长得非常瘦。除了身高有优势外，任何体育项目都不如别人。同学们经常嘲笑他，还给他起了一个外号——马脸。

另外，托马斯的自我意识很严重，他不喜欢见任何人，又因为住在农场里，离公路较远，也遇不到几个陌生人，所以，平时只能见到他的父母和兄弟姐妹。

托马斯说："如果我任凭烦恼与恐惧占据我的心灵，我恐怕这一辈子就完了。一天24小时，我随时为自己的身材自怜，别的什么事情也不能想，我的尴尬与惧怕实在难以用文字形容。我的母亲了解我的感受，她曾当过学校教师，并告诉我：孩子，你得去接受教育，你的体能状况如此，你只有靠智力谋生。"

不久之后发生的几件事情让托马斯克服了自卑，带给了他勇气、希望与自信，改变了他今后的人生，他终于破茧成蝶。

第一件事：入学后两个月，托马斯通过了一项考试，获得了一份三级证书，可以到乡下公立学校教课。虽然证书的有效期只有半年，但却证明了别人对他有信心。

第二件事：一个乡下学校以月薪40美元的工资聘请他去教书，这再次证明了别人对他有信心。

第三件事：领到自己挣得第一笔钱后，他到服装店买了一件合身的衣服。

第四件事：这是他生命中的转折点，战胜自卑的最大胜利。那是在一年一度的集会上，他母亲让他参加集会上的演讲比赛。这对于他来说简直就是天方夜谭。因为他连单独跟一个人说话的勇气都没有，更何况要面对那么多人呢？不过在母亲的鼓励下，他还是报名参加了，并且精心做了准备。为了背熟演讲内容，他每天都对着牛群说话。最后，结果出乎他的意料，他获得了第二名，还赢得了本年度学院奖学金。

后来，功成名就的托马斯回忆起自己的人生历程时，不止一次说："这四件事是我一生的转折点。"

自卑会让我们做事情没有底气，犹犹豫豫，到最后只能是一事无成。可能我们会一生都活在自卑所带给我们的屈辱生活中。如果你不想要这种结果，那就努力改变自己，把自卑从心底彻底地扫除，只有这样，成功才会触手可得。战胜自卑的过程，其实是战胜过去的自己的过程。

自信会撑起梦想的天空

爱默生说:"自信是成功的第一秘诀。"自信是发奋努力的内在因素,它能使人产生巨大的力量,这种催人向上的力量,既是一种强大的驱动力,又是一种强大的自我约束力。可以说,每个人的每一次成功,都伴随着自信。面对失败和挫折,自信的人能够坚定不移地向前,克服眼前的一切困难,在失败与挫折中越挫越勇,最终获得成功。缺乏自信的人,却因为"一朝被蛇咬,十年怕井绳"而畏首畏尾、自暴自弃,从而放弃了努力奋斗,进而错失许多机会。所以,人应该培养自信的心态。

美国颇具传奇色彩的伟大赛车手吉米·哈里波斯,幼年时就有一个梦想,希望自己能成为一名出色的赛车手。在军队服役期间,他曾开过卡车,这对他熟练驾驶赛车有很大的帮助。

从军队退役之后,吉米·哈里波斯选择到一家农场开车。在工作之余,他仍一直坚持参加一支业余赛车队的技能训练。只要有机会,他都会想尽一切办法参赛。尽管屡次参赛,但是都得不到好的名次,所以在赛车上的收入几乎为零,这也使他欠下一笔数目不小的债务。

那一年,吉米·哈里波斯参加了威斯康星州的赛车比赛。当赛程进行到一多半的时候,他的赛车位列第三,有很大的希望在这次比赛中获得好名次。突然,吉米·哈里波斯前面那两辆赛车发生了相撞事故,他迅速地转动方向盘，试图避开他们。但终究因为车速太快未能成功。结果，他撞到车道旁的墙壁上，赛车在燃烧中停了下来。

当吉米·哈里波斯被救出来时，手已经被烧伤，鼻子也不见了。体表受伤面积达40%。医生给他做了七个小时的手术，才把他从死神的手中抢救出来。

经历这次事故，尽管吉米·哈里波斯的命保住了，可他的手萎缩得像鸡爪一样。医生告诉他说："以后，你再也不能开车了。"

然而，吉米·哈里波斯并没有因此而灰心绝望。为了实现那个久远的梦想，他决心再一次为成功付出代价。他接受了一系列植皮手术，为了恢复手指的灵活性，每天他都不停地练习用手去抓木条，有时疼得大汗淋漓，但仍然坚持着。

吉米·哈里波斯始终坚信自己的能力。在做完最后一次手术之后，他回到了农场，用开推土机的办法使自己的手掌重新磨出老茧，并继续练习赛车。

九个月之后，吉米·哈里波斯又重返了赛场！他首先参加了一场公益性的赛车比赛，但没有获胜，因为他的车在中途意外地熄了火。不过，在随后的一次全程200英里的赛车比赛中，他取得了第二名的好成绩。

又过了两个月，仍是在上次发生事故的那个赛场上，吉米·哈里波斯满怀信心地驾车驶入赛场。经过一番激烈的角逐，最终赢得了250英里比赛的冠军。

当吉米·哈里波斯第一次以冠军的姿态面对热情而疯狂的观众时，他流下了激动的泪水。一些记者纷纷将他围住，并向他提出一个相同的问题："你在遭受那次沉重的打击之后，是什么力量使你重新振作起来的呢？"

此时，吉米·哈里波斯手中拿着一张此次比赛的招贴图片，上面是一辆赛车迎着朝阳飞驰。他没有回答，只是微笑着用黑色的水笔在图片的背后写上一句凝重的话：把失败写在背面，我相信自己一定能成功！

人活着，不可能没有梦想，但不管什么样的梦想，如果没有自信做支撑，那么即便你本领再大，也很难实现梦想。自信是一根柱子，能撑起精神的广阔的天空，自信是一片阳光，能驱散迷失者眼前的阴影。许多人之所以能够实现梦想，就是因为他们用自信支撑起了梦想。

美国西部的一个乡村，有一位清贫的农家少年，每当有了闲暇时间，他总要拿出祖父在他8岁那年送给他的生日礼物——那幅已被摩挲得卷边的世界地图。他年轻的目光一遍遍地漫过那上面标注的一个个文明的城市、一处处美丽的山水风景，飘逸的思绪亦随之上下纵横驰骋，渴望抵达的翅膀，在那上面一次次自由地翱翔……

15岁那年，这位少年写下了气势不凡的《一生的志愿》——"要到尼罗河、亚马孙河和刚果河探险。要登上珠穆朗玛峰、乞力马扎罗山和麦金利峰。驾驭大象、骆驼、鸵鸟和野马。探访马可·波罗和亚历山大一世走过的道路，主演一部《人猿泰山》那样的电影。驾驶飞行器起飞、降落。读完莎士比亚、柏拉图和亚里士多德的著作。谱一部乐曲，写一本书，拥有一项发明专利。给非洲的孩子筹集100万美元捐款……"

他洋洋洒洒地一口气列举了127项人生的宏伟志愿。不要说实现它们，就是看一看，就足够让人望而生畏了。难怪许多人看过他设定的这些远大目标后，都一笑了之，所有人都认为——那不过是一个孩子天真的梦想而已，随着时光的流逝，很快就会烟消云散的。

然而，少年的心却被他那庞大的《一生的志愿》激荡的风帆劲起，他的脑海里一次次地浮现出自己畅快地漂流在尼罗河上的情景，梦中一次次闪现出他登上乞力马扎罗山顶峰的豪迈，甚至在放牧归来的路上，他也会沉浸在与那些著名人物交流的遐想之中……没错，他的全部心思都已被那《一生的志愿》紧紧地牵引着，并让他从此开始了将梦想转为现实的漫漫征程。

毫无疑问，这是一场壮丽的人生跋涉，这是一场异常艰难、简直无法想象的生命之旅。他一路豪情壮志，一路风霜雪雨，硬是把一个个近乎空想的夙愿，变成了一个个活生生的现实，他也因此一次次地品味到了搏击与成功的喜悦。44年后，他终于实现了《一生的志愿》中的106个愿望……

他就是20世纪著名的探险家约翰·戈达德。

当有人惊讶地追问他是凭借着怎样的力量，让他把那许多注定的"不可能"都踩在了脚下，他微笑着如此回答——"很简单，我只是让心灵先到达那个地方，随后，周身就有了一股神奇的力量，接下来，就只需沿着心灵的召唤前进"。

其实，每个人都能像约翰·戈达德那样实现自己的梦想。只要能够坚定信仰，就能将自己的创造力充分发挥出来，并获得渴望得到的一切。在人生的旅途上，能够最终领略美妙风景的，必然是那些强烈渴望登临并为之不懈跋涉的追寻者。是自信，激发了求索的欲望；是自信，催动了奋进的脚步。

相信自己是正确的，就坚持下去

有时候自己正在做的事情，明明是正确的，但从旁观者的角度，却是错误的或荒谬可笑的。这时候，要能够做到坚持己见，选择对自己最有利的方式，一如既往地贯彻执行，不受世俗评论影响。正所谓：走正确的路，让别人去说吧。做你该做的！也就是说，你认为对的，你就不受动摇地去做，这就需要你足够的自信。

蒙提·罗伯兹在圣思多罗有座牧马场。他是一个非常有心的人，常在他那宽敞的住宅中举办募款活动，为帮助青少年的计划筹备基金。

在一次活动中，他在致词中提到：我把住宅拿出来举办募款活动是有原因的。这故事跟一个小男孩有关，他的父亲是位马术师，他从小就必须跟着父亲东奔西跑，一个马厩接着一个马厩，一个农场接着一个农场地去训练马匹。由于经常四处奔波，小男孩的求学过程并不顺利。初中时，有一次老师叫全班同学写报告，题目是《长大后的志愿》。

那晚他用心地写了7张纸，描述他的伟大志愿，那就是想拥有一座属于自己的牧马场。他仔细画了一张农场的设计图，上面标有马厩、跑道等的位置，在这一大片农场中央，还要建造一栋占地4000平方英尺的巨宅。

他花了很大心血把报告完成，第二天交给了老师。两天后他拿回了报告，只见第一页上打了一个又红又大的F，旁边还写了一行字：下课后来见我。

脑中充满幻想的他下课后带着报告去找老师："为什么给我不及格？"

老师回答道："你年纪还小，不要这么不切实际。你没钱，没家庭背景，什么都没有。你可知道，盖座农场可是个花钱的大工程：你要花钱买地，花钱买纯种马匹，花钱照顾它们。你太好高骛远了。"老师接着又说："你如果肯重写一个比较不离谱的志愿，我会重打你的分数。"

这男孩回家后反复思量了好几次，然后征询父亲的意见。父亲只是告诉他："儿子，这是个非常重要的决定，如果你认为你是正确的，就应该坚持下去。"

再三考虑几天后，他决定原稿交回，一个字都不改。他告诉老师："即使拿个F，我也不愿放弃梦想。"

蒙提此时向众人表示："我提起这故事，是因为各位现在就坐在农场内，坐在占地4000平方英尺的豪华住宅中。那份初中时写的报告我至今还留着。"他顿了一下又说："有意思的是，两年前的夏天，那位老师带了30个学生来我的农场露营一星期。离开之前，他对我说：'说来有些惭愧。你读初中时，我曾泼过你的冷水。这些年来，我也对不少学生说过相同的话。幸亏你有这个毅力坚持自己的梦想。'"

成功人士之所以成功，其中一个因素是，他们无视所处的逆境，坚持所做的决定并一心向前。很多梦想在被提出来之初都会被认为是空想，而只有你自己——梦想的拥有者，才知道它有无实现的可能。确定你是对的，就坚持走下去吧，亮出自己的自信。

1906年，希腊船王奥纳西斯出生于土耳其西海岸的伊密尔，1922年全家到了希腊。

在第一次世界大战之后的经济复苏阶段，很多人没有摸准市场的脉搏，拼命地扩大再生产。不久就出现了市场过剩、物价迅速下跌的状况。很多人为了使自己的资金流动起来，特别是那些资金比较少的人，都纷纷将自己的产品降价销售。那些手里稍有积蓄的人，都在考虑买些不会赔钱的东西，以免自己手里的钞票贬值。在这种时期，善于经营之道的人却在研究干什么事情可以赚更多的钱。

奥纳西斯就是想赚更多的钱的人。他想：生产过剩、物价暴跌之后，经济必然再次繁荣，商品的价格一定会回升，有的还会暴涨。毫无疑问，现在买进便宜的商品，到那个时候就会获得成倍的利润。

可是买什么呢？股票、房屋、黄金……

这些人们纷纷抢购的东西，他都不买，他最后买下的是经济危机之中最不景气的海上运输工具——轮船。他是这样分析的：世界经济一旦复苏，运输必须先行，他投入的钱就会像植物一样疯长，利润就会源源不断地产生出来。有了这种认识，他马上把全部财产都抛了出去。

不过，到哪里去买船呢？

在这场经济危机中，加拿大国营运输业几乎破产殆尽，最后不得不拍卖家业，其中正好有6艘货船，10年前的造价是200万美元，而现在每艘的价格却是2万美元。这个消息传到奥纳西斯的耳朵里，他差点跳了起来。他急忙赶到加拿大买下了这6艘货轮。

在此后的几年内，经济危机愈演愈烈，当时就有很多人认为奥纳西斯干了一件蠢事，而现在却都认为他是疯子。可是奥纳西斯却整天笑眯眯的，他对自己的决定充满了信心。

终于奥纳西斯的运气来了，但不是因为经济复苏，而是第二次世界大战爆发了。无论是欧洲战场还是亚洲战场，到处都需要美国各种各样的物资。这时，谁有能力在太平洋、大西洋运输货物，谁就可以赚到大笔的钱。一时间，奥纳西斯的6艘货船成了6座浮动的金山……

第二次世界大战结束的时候，奥纳西斯已经成了拥有希腊"制海权"的商业巨头之一。

第二次世界大战结束之后，世界经济开始复苏，奥纳西斯预见到，经济的发展必然刺激石油运费的猛涨，运输石油必然带来超额利润。他把牙一咬：投巨资建油轮！

在第二次世界大战以前，油轮的载重量是1万吨，而到了1960年，就发展到10万吨了。1975年，奥纳西斯拥有油轮达45艘，其中20万吨级以上的超级油轮就有20艘。这一艘艘大大小小的油轮，就像一台台造钱的机器，源源不断地为奥纳西斯制造出大量的财富。

1975年，奥纳西斯去世，享年69岁，他的资产高达十几亿美元。他拥有一支世界上最大的私人船队，创办了好几家造船厂，买下了爱奥尼亚海岛上的斯科尔比奥斯岛，兼营着一百多家公司，在世界各地的大城市都有办事处。他的矿山、土地等财产，没有人说得清楚……

对于奥纳西斯的成功，很多人都归功于他惊人的魄力和运气，认为他发的是战争的横财。但实际上，奥纳西斯能够坚持自己所选的道路一直走下去，始终都相信自己是正确的。他所需要的只是时间，让世人看见成效的时间，证明自己正确的时间。这就是一种自信。

在现实生活中，也许刚开始，你的努力并没有明显的效果，可是只要你坚信自己，时间长了你就能发现已经离成功很近了。所以，走出自信人生路，那么你的一生将是精彩万分的。

坚强点，相信一切都会好起来

人生之路，从来都是和磨难相伴而行的。磨难对于强者来说是一块块垫脚石，是通向成功的一级级阶梯，对于弱者则是一道道绊脚石，会把弱者跌得鼻青脸肿。我们生活在这个世界上，就要做像磐石一样坚韧的人，面对迎面而来代表困难和挫折的浪花，屹立不动。因为只有这样，我们的人生才能活出不一样的精彩。

梅西在他13岁时获得巴塞罗那青睐，16岁在巴萨一队出场，17岁迎来了西甲处子秀，作为巴萨联赛进球最年轻纪录的保持者，马拉多纳对他的评价是："梅西是一位天才球员，前途不可限量。"

现在，他和小罗已经是巴塞罗那队边路最活跃的棋子。某些时候，梅西的光芒甚至盖过了小罗，毫无疑问，巴塞罗那和阿根廷的未来，属于梅西。梅西的足球生涯似乎一帆风顺，但在阿迪达斯邀请全球巨星参与"讲述不可能的故事"的活动中，梅西用画笔记下了他11岁时的坎坷。

"11岁时，我被诊断为患有生长激素疾病，比其他人矮小。但我可以更加敏捷，去踢好我的足球。我学会了如何在别人的身体压制下踢球，以及如何带球突破前进，因为那里才是我觉得最舒服的位置，现在我意识到，有时候坏事也会变成好事。"梅西真正做到了"没有不可能"。

1987年6月24日，在阿根廷圣塔菲尔省的罗萨里奥中央市，继两个哥哥之后，梅西降生了。这个穷人家的孩子，身体孱弱，妈妈无暇照顾弱小的梅西，把他寄养在辛迪亚家，辛迪亚和梅西从幼儿园到小学一直在一起，辛迪亚见证了梅西童年所有的艰辛和欢乐，而梅西也把辛迪亚当成这个世界上唯一可以倾诉的人。

作为梅西最痴心的球迷，辛迪亚珍藏着梅西为各个俱乐部效力时穿过的各种款式的球衣。辛迪亚总是坐在高高的看台上看梅西参赛，她比任何人都更早而且更坚定地相信着梅西的足球天赋。

可惜美好的光阴总是容易逝去，一张突如其来的医生诊断书让11岁的小梅西第一次感受到了命运的残酷。一次体检之后，医生发现梅西的荷尔蒙分泌系统处于沉睡状态，因此造成骨骼发育十分迟缓。这一疾病的临床表现，就是11岁的梅西身高只有1.40米。

在被查出患有怪病之前，梅西已凭借显露的才华打动了大名鼎鼎的河床俱乐部，但这一纸诊断书却让任何一家中意梅西的俱乐部都打消了与他签约的念头。其实，怪病并非无药可治，但每月高达900美元的治疗费用以及并不明朗的治疗前景，让所有俱乐部都有足够的理由望而却步。在为儿子治疗了两年时间后，老梅西无能为力了，阿根廷经济状况的恶化让这个普通家庭有了太过沉重的生活压力。终于有一天，老梅西与远在西班牙小城莱伊达的亲戚联系之后，做出了去伊比利亚半岛谋生的决定。那是在最后一场比赛后绝望地辞行，13岁的梅西抱着辛迪亚号啕大哭，而辛迪亚抱着他说："不哭不哭，坚强。坚强点儿小不点儿，一切会好起来的。"

情况真的好了起来，他通过治疗长到了近1.7米，并在巴塞罗那如鱼得水，天赋尽显，他得到了里杰卡尔德的肯定，其他教练的赞誉，甚至马拉多纳也亲自给他打电话进行鼓励。这都在向全世界发布一个信息：梅西已经与从前大不相同。小罗说："只有梅西才能骑在我的背上，我们是好兄弟。"

现在的梅西，因为足球而集万千宠爱于一身，媒体、教练、队友、球迷把他当明星、孩子、兄弟、偶像般看待。但是在他内心里，永远都忘不了辛迪亚在他耳边说:"坚强点儿小不点儿,一切都会好起来的。"

没有什么能够拦住你,除了你的意志。现实生活中的种种羁绊会成为你通向成功的导师,因为它教你学会坚强和坚持。坚定自己的信仰,明确心的方向,不放弃自己的人生,像梅西一样即使身高矮一些也能撰写出辉煌。

人是为什么而活?又是什么在支撑着人们努力奋发?其实,这不过就是两个字——信念。信念的力量是伟大的,它支持着人们生活,催促着人们奋斗,推动着人们进步,正是它,创造了世界上一个又一个奇迹。

第三章
感恩——让人生路上充满光明

　　生命的整体是相互依存的，每一样东西都依赖于其他的东西。无论是父母的养育、手足的关爱、朋友的帮助、他人的关怀、对手的压迫、生活的苦难……人自从有了生命那一刻起，便注定了要在恩惠的海洋里徜徉。一个人真正明白了这一点，就会懂得感恩，就会觉得自己能活在这个世界上是多么的幸运。因为，无数人的恩惠给了我们美好及幸福，所以我们要有一颗感恩的心。

精彩的人生是在挫折中造就的

挫折是一个人的炼金石，许多挫折往往是好的开始。有人在挫折中成长，也有人在挫折中跌倒，这之中的差别，就在于个人如何看待。

很久很久以前，鸟也是没有翅膀的。有一天，上帝召集了所有的动物聚在一起吃饭。吃完饭后，上帝取出一对翅膀。

"我有一样东西想要赐给各位，如果你喜欢这件礼物，就可以把它拾起来放在背上。"

一听到有礼物可以领，动物们便争先恐后地挤到了上帝的面前。可是当上帝把礼物拿出来放在地上后，动物们却突然静了下来。大家你看看我，我看看你，谁也没去拾礼物。原来上帝的礼物是一对毛绒绒的翅膀。"谁会背这么重的东西呢？非得累死不可。"动物们心想，于是又纷纷回到了自己的座位上。

眼看着地上的翅膀孤零零地躺在那里无人理睬，上帝感到有些失望。这时，一只小鸟走过来，看了看地上的翅膀，心想，上帝应该不会亏待动物们，所以这个看起来笨重的东西，或许是一种恩赐。

于是，小鸟就把地上的翅膀捡起来，背在背上。过了一会儿，小鸟轻轻地试着挥动翅膀，没想到不但感觉不到沉重，反而还轻盈地飞上了天。许多动物目睹此景，心中后悔不迭。

别的动物认为会增加负担的东西，反而使小鸟轻盈地飞了起来。正如许多时候表面上看来是挫折、打击或是挑战的事件，事实上却给了我们更上一层楼的动力。

精彩的人生是在挫折中造就的，挫折原本就是人生的原色。站起来便能成就更好的自己；躺在地上赖着，自怨自怜、悲叹不已的人，注定只能继续哭泣。可见，挫折是人类成长不可或缺的元素。

米契尔是美国的一个百万富翁，受欢迎的公众演说家、成功的企业家，并在政坛颇有影响，业余时间喜欢去泛舟、玩跳伞。

让你想不到的是，他却是一个曾经遭受过两次致命挫折的残疾人。

第一次重大挫折发生在米契尔46岁时，由于机车的意外事故，他身上65%以上的皮肤都被烧坏了，为此，他动了16次手术，整个脸部因植皮而变成了一块彩色板。他的手指没有了，双腿特别细小，他无法拿起叉子，无法拨通电话，也无法一个人上厕所。

面对残酷的现实，曾是海军陆战队员的米契尔却不服输，他说："我完全可以掌握我自己的人生之舟，我也可以把我现在的一切看成是人生的起点。"靠着这种顽强的毅力，6个月后，他又把飞机开上了蓝天。

接着，米契尔自己在科罗拉多州买了一幢房子，另外还置办了房产，开了一家酒吧，和朋友合资经营了一家公司。

正在这个时候，又一场意外的灾难再次降临，米契尔所驾驶的飞机在起飞时突然冲出跑道，他的脊椎骨全部被压得粉碎，腰部以下永远瘫痪。米契尔此时几乎绝望了，他对着苍天大呼："为什么这种事总是发生在我身上，我到底造了什么孽，遭到老天爷的报应？"

坚强的米契尔仍不屈不挠，后来，他被选为科罗拉多州孤峰顶镇的镇长，还参加了国会议员的竞选。

尽管相貌难看，行动不便，米契尔却开始泛舟。他坠入爱河并结了婚，拿到了公共行政硕士学位，并继续他的飞行活动、环保运动及公共演说。

面对成功，米契尔说："我瘫痪之前可以做1万件事，现在我只能做9000件，我可以把注意力放在我无法再做的1000件事上，或是把目光放在我还能做到的9000件事上。我的人生遭受过两次重大挫折，所以，我只能选择不把挫折拿来当成放弃努力的借口。"

没有人能够逃避命运，也没有人能够逃避挫折，就像没有人能够一辈子不吃饭、不呼吸一样。遭遇挫折或许并不值得人们感动，让人感动的是在挫折中再次奋起的勇气和毅力。挫折并不可怕，可怕的是我们在对待挫折时没有一个正确的态度。人，应学会面对挫折。

感恩苦难，收获成功

每个人的人生中都充满了苦难。人是从苦难中成长起来的，唯有把苦难当作良药，乐观奋斗，才能得到人生中最珍贵的财富。

有一个女孩，很小的时候就有一个梦想，做一名出色的滑雪运动员。然而，不幸的是她竟患上了骨癌，为了保住生命，她被迫锯掉了右脚。后来，癌症蔓延，她又先后失去了乳房及子宫。

接二连三的厄运不断地降临到她的头上，却从来没有使她放弃心中的梦想，她一直都告诫自己："我要对自己的生命负责，决不轻言放弃，我要向逆境挑战。"

她没有被病魔打倒，相反，她以顽强的斗志和坚韧的毅力，排除万难，成为滑雪运动员，还为国家创下多项世界纪录，其中包括1988年冬奥会的冠军，并在美国滑雪锦标赛中先后赢得29枚金牌。后来，她还成为攀登险峰的高手。她就是美国运动史上极具传奇色彩的著名滑雪运动员——戴安娜·高登。

人生路上，有欢笑和快乐，但更多的是痛苦和磨难。对某些人来说，苦难是学校，不幸是老师。苦难能激发一个人的斗志，把蕴藏的潜力尽情地释放，把人生的不幸转变成一个人奋发进取的动力。古语说得好，"自古英雄多磨难，从来纨绔少伟男""忧劳可以兴国，逸豫可以亡身"。

但苦难并非总是财富，就像并非每一个遭遇不幸的人都能像戴安娜·高登那样把苦难作为通向成功的垫脚石。正如巴尔扎克所说："世界上的事情永远没有绝对的，结果完全因人而异。"苦难对于强者是一块垫脚石、一笔财富，对弱者则是一个绊脚石。

的确，我们无法改变昨天的事实，但今天的人生态度决定我们明天的人生轨迹。苦难激发人的潜能，把苦难当作一块成功的垫脚石，在黑暗的尽头，我们将看见光明。

洪战辉是河南省周口市东下镇洪庄村人，12岁那年他小学毕业时，家庭生活发生了改变，患有间歇性精神病的父亲从外面捡回了一个弃婴。

家里太穷，负担不起哺育女婴的花费，母亲让洪战辉把女婴送人。洪战辉不忍心，就把女婴留下了，并给她起名为洪趁趁，小名"小不点"。

由于父亲患病，家庭的重担全部压在了目不识丁的母亲身上，她还经常遭受父亲无缘无故的毒打。

1995年秋天的一天，母亲忍受不了家庭的重担、丈夫的拳头，选择了逃离。

妈妈走了，父亲是病人，刚刚满1岁的"小不点"怎样才能带大？久坐之后，洪战辉告诉自己：既然一切已无法改变，那就承担吧。

那时候家里太穷，为了买奶粉养妹妹，洪战辉从小学时就做起了小贩，在附近的集市上，冬天卖鸡蛋，夏天卖冰棍。实在没钱的时候，有时就带着妹妹到有小孩的人家借口奶吃。他还想着给"小不点"补充营养，最多的时候，是上树掏鸟蛋给妹妹做鸟蛋汤，为此，他不止一次从树上摔下来。

从高中起，他就带着妹妹上学，他利用假期打工所挣的钱交了学费，还在校园里利用课余时间卖起了学习书籍。就在进入高二时，父亲的病情恶化了，必须住院治疗。于是，洪战辉只得休学挣钱为父亲治病。

怀着不屈的信念，经过不懈的拼搏，2003年7月，洪战辉考取了湖南怀化学院。课余时间里，洪战辉在校园里卖过电话卡，为怀化电视台《经济

E时代》栏目组拉过广告，还给一个家电经销商做销售代理，目的就是想挣钱，带着失学在家的妹妹一起来上学。

他携妹求学12载的故事，经全国多家媒体报道后，成为社会关注的焦点，不断有人表示愿意捐款，以帮助他抚养妹妹。令人意想不到的是，后来，洪战辉在某媒体上发表公开信，在这封信里，洪战辉在向关心他与妹妹的人表示感谢的同时，明确提出他可以养活自己和妹妹，不需要任何社会捐款。"因为我觉得一个人自立、自强才是最重要的。苦难和痛苦的经历并不是我接受一切捐助的资本。我现在已经具备生存和发展的能力！这个社会上还有很多处于艰难中而又无力挣扎的人们！他们才是需要帮助的！"

面对再大的苦难，洪战辉自始至终不放弃追求，不屈服于现实，虽然经受着身体上的劳累，但很大程度上保持了心灵的平静，这正是一个自尊、自重、自强、自爱的人面对苦难的人生态度。

苦难中能够保持镇静，是常人很难达到的一种人生境界。直面苦难，不怨天尤人，不牢骚满腹，将苦难看作生命中的一种磨砺，无疑需要很大的勇气。一旦我们超越了苦难，战胜了苦难，我们所获取的必定是面对生活重新微笑的机会。

感恩压力，让自己更加强大

彼德·圣吉在其经典著作《第五项修炼》一书中，阐述了制约人们进步的七大故障之一：青蛙现象。

一只青蛙，如果被突然放入沸水中，它会奋力跳出：因为它感受到了死亡的威胁。但如果被放入逐渐加温的水中，它的身体会通过不断地调节来适应周围的水温，到水温高至它无法再适应的时候，青蛙便无力跳出水面，只能等待死亡。

青蛙对剧烈的威胁能够迅速做出应变，而对缓慢渐进的危机却不能识别而导致死亡。一个人的能力也跟青蛙现象一样。当一个人面临突发的重大威胁的时候能够产生一种平时无法达到的能力，帮他渡过难关，而对于逐渐加剧的危机，则往往习而不察，无动于衷，待到病入膏肓，想应对时却为时已晚。压力可以挽救一个动物的生命，压力也可以出乎意料地锻炼一个人的能力。

有一个极有名的钢琴大师做指导教授。授课第一天，他给自己的新学生一份乐谱。"试试看吧！"他说。乐谱难度颇高，学生弹得生涩僵滞、错误百出。"还不行，回去继续练习！"教授在下课时叮嘱学生。

学生练了一个星期，第二周上课时正准备让教授验收，没想到教授又给了他一份难度更高的乐谱，"试试看吧！"上星期的课，教授提都没提，学生再次挣扎于更高难度的挑战。

第三周，更难的乐谱又出现了。同样的情形持续着，学生每次在课堂上都被一份新的乐谱所困扰，然后把它带回去练习，接着再回到课堂上，重新面临两倍难度的乐谱，没有感到任何进步，学生感到越来越沮丧和气馁。

三个月后，学生决定向钢琴大师提出这三个月来何以不断折磨自己的质疑。教授没开口，他抽出了最早的那份乐谱，交给学生。"弹奏吧！"他以坚定的目光望着学生。

不可思议的事情发生了，连学生自己都惊讶万分，他居然可以将那首曲子弹奏得如此美妙、如此精湛！教授让学生试了第二堂课的乐谱，学生依然呈现超高水准的表现……演奏结束，学生兴奋地看着老师，说不出话来。

"如果我任由你表现最擅长的部分，可能你还在练习最早的那份乐谱，就不会有现在这样的程度……"钢琴大师缓缓地说。

一个人如果感受不到压力的存在，就应该特别小心，因为这表示在能力提升与个人成长上，少了一股相当重要的动力来源。这样的环境虽然安逸，但是却无助于成长，而压力的存在却可以产生能力。

在非洲中部干旱的大草原上，有一种体形肥胖臃肿的巨蜂。这种巨蜂的翅膀非常小，脖子也很短。但是这种蜂在非洲的大草原上能够连续飞行250公里，飞行高度也是一般蜂类所不能及的。它们非常聪明，平时藏在草丛里或者岩石缝隙，一旦有了食物立即振翅飞起。尤其是当它们发现这一地区即将面临极度干旱的时候，它们就会成群结队地迅速逃离，向水草丰美的地方飞行。

这种强健的蜂被科学家称为"非洲蜂"。科学家们对这种蜂充满了好奇，因为根据生物学的理论，这种蜂体形肥胖臃肿且翅膀非常短小，在能够飞行的物种当中，它们的飞行条件是最差的，甚至连鸡、鸭都不如。用流体力学来分析，它们的身体和翅膀的比例根本不能够起飞，即使把它们扔到天空去，它们的翅膀也不可能产生承载肥胖身体的浮力，会立刻掉下来摔死。

但是，事实证明，非洲蜂不仅能飞，而且是飞行队伍里最为强健、飞得最远的物种之一。

哲学家们对此给出了合理的解释：非洲蜂天资低劣，但它们只有学会长途飞行的本领，才能够在气候恶劣的非洲大草原活下去。简单地说，非洲蜂若是不能飞行，它就只有死路一条。

什么叫"置之死地而后生"？非洲蜂给出了很好的回答。非洲蜂更让我们相信，在一个执着顽强的生命里，只有压力才能产生超强的能力。

现在社会由于变化快速、竞争激烈，因而工作环境也充满高度压力。由于压力通常让人感到不舒服，因而人们遇到压力时，很容易产生抗拒或者逃避的心理。

在我们的日常生活或工作中，压力可以说是无处不在。刚换一个新的工作，对新的环境与工作内容不熟悉而感受到的压力，考试前因为担心成绩不佳而感受到的压力，业绩目标无法达成、担心实力不如对手、家人有问题无法解决、经济状况不佳等而产生的压力。无论是哪一种情况下产生的压力，其实都有一个相同的特质，就是当一个人碰到一件事而感觉到"我不会""我不熟悉"或是"我不确定"时，就会感受到压力。

人们往往习惯于表现自己所熟悉、所擅长的领域。但如果我们愿意回头细细检视，就会恍然大悟：正是紧锣密鼓的工作挑战，永无歇止难度渐升的环境压力，才在不知不觉间形成了今日的诸般能力。成功人士往往给自己定下很高的目标，然后在这个高期望的压力下，提高自己高效做事的能力。

感谢他人的批评

人都有一种相同的心理,喜欢听表扬,不愿听批评的话。有的人一听到批评,就面红耳赤,忐忑不安;有的人暴跳如雷,恼羞成怒;有的人咬牙切齿,仇恨满胸;有的人表面接受,心里怨恨,寻衅回击,这些负面回应批评的态度,是极不明智的表现。

李锐由打杂工步步高升,一跃成为一家建筑公司的工程估价部主任,专门估算各项工程所需的价款。有一次,他的一项结算被一个核算员发现估算错了2万元,老板便把他找来,指出他算错的地方,请他拿回去更正,并希望他以后在工作中细心一点。

李锐不肯认错,也不愿接受批评,反而大发雷霆。他说:"那个核算员没有权力复核我的估算,没有权力越级报告。"

老板问他:"那么你的错误是确实存在的,是不是?"

李锐说:"是的。"

老板见他既不肯接受批评,又认识不到自己的错误,本想发作一番,但又念他平时工作成绩不错,便和蔼地对他说:"这次就算了,以后要注意了。"

不久,李锐又有一个估算项目被老板查出了错误。老板把他找来,刚说他的错误,李锐就立刻翻脸,反驳老板说:"好了,好了,不用啰嗦了。我知道你还因为上次那件事怀恨于我,现在特地请了专家查我的错误,借机报复。可是我想你一定不会得逞,这次我的估算不会有错,错的一定是你和那个混蛋专家。"

老板等他发泄完了,便冷冷地说:"既然如此,你不妨自己去请别的专家来帮你核算一下,看看你究竟错了没有。"

李锐请别的专家核算了一下,发现自己确实错了。

老板对李锐说:"现在我只好请你另谋高就了,我们不能让一个不许人家指出他的错误、不肯接受别人批评的人来损害我们公司的利益。"

负面回应批评反映了一个人不良的做事态度,会严重影响他的人际关系和自我提升能力。

那么,我们该怎样面对批评呢?要笑对批评。喜欢赞美称羡,厌恶批评指责是人之常情。面对赞美,我们往往笑容可掬,显得颇有风度,而一旦真的要面对批评,可就是千人千态了。其实一个人的风度如何,并不体现在其身处顺境、面对赞赏的时候,而是体现在其身处逆境、面对批评的时候。

那些事业成功的人,都是虚心接受别人批评、笑对别人的人。曾任美国总统的林肯就是一个善于处理批评的人。

有一次,爱德华·史丹顿批评林肯是一个笨蛋。史丹顿之所以批评他是因为林肯干涉了他的业务,为了要取悦于一个自私的政客,林肯签了一项命令,调动了某些军队。史丹顿不仅拒绝执行林肯的命令,还批评林肯签发这种命令是笨蛋行为。

结果怎么样呢?当林肯听到史丹顿对他批评的话后,很平静地回答说:"如果史丹顿说我是一个笨蛋,那我一定就是个笨蛋,因为他几乎从来没有出过错。我得亲自过去看一看。"

林肯后来去见史丹顿,知道自己签发了错误的命令,于是收回了成命。以后只要是善意的批评,是以知识为根据具有建设性的批评,林肯都非常欢迎。

林肯还学会了对那些无理的批评置之不理,否则他早就承受不住内战的压力而崩溃了。林肯还写下了如何处理对他批评的方法，成为一篇经典之作。在第二次世界大战期间，麦克阿瑟将军曾经把它抄下来，挂在他总部的写字台后面的墙上，而丘吉尔也把这段话镶在镜框里，挂在他书房的墙上。

林肯总统的这段话也可以成为我们每个人的座右铭：对于善意的批评，请微笑着接受，对于恶意的中伤，尽管一笑置之吧。

缺点错误是一个人成功的大敌，而批评的作用，就在于指出缺点，引起你的警觉。如果不能善待别人的批评，那你的缺点错误就永远无法改正。

一个人要想成功，就要把批评当镜子，用这面镜子来照照自己，看自己到底存在哪方面的问题，并加以改正。虚心接受别人的批评，往往可以赢得别人的好感和尊重，这对你事业的成功非常有好处。

一位顾客从食品店里买了一袋食品，打开一看，食物都发霉了。他怒气冲冲地找到营业员，"你们店里卖的什么东西，都发霉了！你们这不是拿顾客的健康开玩笑吗？"

几个顾客闻声赶了过来。

这个营业员面带笑容，连声说："对不起，对不起！没想到食品会变质，这是我们工作的失误，非常感谢您给我们指出来，您是退钱还是换一袋呢？如果换一袋的话，可以在这里就打开来给您看一看。"

面对这位营业员诚恳的微笑，并听到他真诚地说了对不起，那位顾客还能说什么呢？他又重新换了一袋，旁边的几个顾客也夸营业员的服务态度好，以后要经常来这里购物。

失误和缺点是在所难免的，每个人都有，当面对别人的批评时，掌握好火候，真诚地接受别人的批评并且马上改正，这样自然会赢得别人的好感。把别人的批评当作一面镜子，查看自己究竟是错是对。如果确实是错了，就应敢于承认并立刻设法改正过来。

虚心地接受批评，是成功的必备素质。

永远铭记父母之恩

亲情是这宇宙间最无私的情感。亲情是岳飞的母亲满怀期望地在其背上刻下的"精忠报国";是孟子的母亲为其更好地成长而费尽苦心地"三迁";是朱自清的父亲翻越栅栏时留下的那个蹒跚的背影……永远不要忘记父母之恩。

有位绅士在花店门口停了车,他打算向花店订一束花,请他们送去给远在故乡的母亲。

绅士正要走进店门时,发现有个小女孩坐在路边哭。绅士走到小女孩面前问她说:

"孩子,为什么坐在这里哭?"

"我想买一朵玫瑰花送给妈妈,可是我的钱不够。"孩子说。绅士听了感到心疼。

"这样啊……"于是绅士牵着小女孩的手走进花店,先订了要送给母亲的花束,然后给小女孩买了一朵玫瑰花。走出花店时绅士向小女孩提议,要开车送她回家。

"真的要送我回家吗?"

"当然啊!"

"那你送我去妈妈那里好了。可是叔叔,我妈妈住的地方,离这里很远。"

"早知道就不载你了。"绅士开玩笑地说。

绅士照小女孩说的一直开了过去，没想到走出市区大马路之后，随着蜿蜒山路前行，竟然来到了墓园。小女孩把花放在一座新坟旁边，她为了给一个月前刚过世的母亲献上一朵玫瑰花而走了一大段远路。绅士将小女孩送回家中，然后再度折返花店。他取消了要寄给母亲的花束，而改买了一大束鲜花，直奔离这里有五小时车程的母亲家中，他要亲自将花献给妈妈。

虽是一朵玫瑰花，但如果我们时刻都抱有感恩之心，在他们在世时，就尽显孝心。尤其是对父母的感恩，我们没有理由拒绝。树欲静而风不止，子欲亲而亲不待，父母在世，应是最大的幸福。经常放下繁琐的工作，去陪陪父母，这或许就是你能尽的最大的孝心了。怀着一颗感恩的心来对待亲情吧！你的感恩，是父母最大的快乐。

佳芬跟妈妈吵架之后什么都没带，就只身往外跑。可是，走了一段路，佳芬发现，她身上竟然一毛钱都没带，连打电话的硬币也没有！她走着走着肚子饿了，看到前面有个面摊，香喷喷的味道飘来，好想吃！可是，她没钱！

过一会儿，面摊老板看到佳芬还站在那边，久久没离去，就问："姑娘，请问你是不是要吃面？"

"可是……可是我忘了带钱。"佳芬不好意思地回答。

面摊老板热心地说："没关系，我可以请你吃。"

不久，老板端来面和一些小菜。佳芬吃了几口，竟然掉下眼泪来。

"姑娘，你怎么了？"老板问。

"没有什么，我只是很感激！"佳芬擦着泪水，对老板说道："你是陌生人，我们又不认识，只不过在路上看到我，就对我这么好，愿意煮面给我吃！可是……我自己的妈妈，我跟她吵架，她竟然把我赶出来，还叫我不要再回去！"

"你是陌生人都能对我这么好,而我自己的妈妈,竟然对我这么绝情!"

老板听了,委婉地说道:"姑娘,你怎么会这样想呢!你想想看,我不过煮一碗面给你吃,你就这么感激我,那你自己的妈妈,煮了10多年的面给你吃,你怎么不会感激她呢?你怎么还要跟她吵架?"

佳芬一听,整个人愣住了!

是呀!陌生人的一碗面,我都那么感激,而妈妈一个人辛苦地养我,煮了20多年的面给我吃,我怎么没有感激她呢?而且,只为了件小事,就和妈妈大吵一架。匆匆吃完面后,佳芬鼓起勇气,迈向家的方向,她好想真心地对妈说:"妈,对不起,我错了!"

当佳芬走到巷口时,看到疲惫、着急的母亲在四处地张望。看到佳芬时,妈妈就先开口说:"阿芬呀,赶快回去吧!我饭都已经煮好,你再不赶快回去吃,菜都凉了!"

此时,佳芬的眼泪,又掉了下来。

有时候,我们会对别人给予的小惠感激不尽,却对父母一辈子的恩情视而不见。其实亲情就这样无时不在,它容忍着人们的遗忘和把它看作理所应当。我们就这样享受着父母给予的爱,固执地霸占着,剥夺了他们的青春。将他们的辛劳变成我们饱腹蔽体的物品,用他们的苍老换来我们朝气的青春,还往往去抱怨他们的忠言,抱怨他们的谆谆教诲。或许只有等到我们身为父母,只有等到自己养儿育女的那一天,才会了解为人父母的那种心情,那种对子女无私的爱。

也许,生活的步履过于匆忙而使我们忘却了对父母说一些感激的只言片语,往往等到我们觉察到时已经后悔莫及。现在,不妨让我们停下脚步,怀着一颗感恩的心,对他们说一声感谢。感谢他们把我们带到这世间,感谢他们培育我们健康成长,感谢他们让我们得到这世间一切美好的东西。

感谢朋友，给我关怀

人生在世，拥有朋友的日子是快乐的，我们应当对朋友关怀、信任、宽容、心怀感激。"路遥知马力，日久见人心。""岁寒知松柏，患难见真情。"真正的朋友，让你永远都有一种坚实的依靠，他们不仅愿意和你同尝甘甜，还能够和你共担苦难，甚至用生命来履行对你的承诺。

从前，有两个人是情同手足、生死与共的好朋友。可是，上帝并不相信人世间会有这样一份牢不可破的友情，便想考验他们。

一次，两个人被困在一片沙漠里，水尽粮绝，临近死亡的边缘。这时，上帝出现了，指点他们说："在你们的前方，有一棵果树，上面长了两个苹果，吃了小的只能解燃眉之急，吃了大的才可以给你足够的力量走出沙漠，远离死神。这两个人谁也不肯吃那个大果子，一直僵持到深夜。第二天天刚亮，其中一人醒来后发现他的朋友不见了，他疑惑地朝前方的果树走去，果然，果树上只剩下一个小小的苹果，朋友的绝情使他心灰意冷……

他吃下那个小果子，然后继续在沙漠中艰难地行走。走出没多远，他看见他的朋友晕倒在地上，手里还紧握着一个苹果——这个苹果比他刚才吃下的小了整整一圈……

把生的希望留给朋友,把死的恐惧留给自己,我们不能单单只用"伟大"这两个字来表达内心的感受,使朋友的生命得到延续,这种友情已经达到了一种极致。朋友就是就把大的苹果留给自己的那个人,朋友就是牺牲自我换取对方幸福的一种付出和给予,感谢最亲爱的朋友吧,是朋友给了我们无限的关怀!

2004年12月,印尼海啸肆虐,国际救援队救回一个虚弱女孩,因为被岩石撞击过,她失血过多,但是救援队已经没有足够的供血了,而女孩根本就等不到下一班救援的到来。

给现场人员验血,只有一个小男孩的血型与女孩的血型符合。救援人员用简单的印尼语和手势问小男孩:"你的伙伴受伤了,只有你的血能救她,你愿意输血给她吗?"

被灾难惊吓过度的孩子,呆呆地看着陌生的救援人员。救援人员以为他不愿意,让大家准备想尽办法去联系附近的救援队。

小男孩突然拉住救援人员的裤边,用力地点点头。救援人员准备给他消毒。他僵直地躺在床上,看着血被一点点地抽出来,眼泪开始一滴滴地掉下来,小嘴还忍着不抽泣。完成输血后,小男孩躺在床上,死死地闭着眼睛,救援人员走过来拉他的小胳膊,小男孩睁大眼睛问:"我怎么还活着呀?"

"你这么善良,怎么会死呢?我又不是抽干你的血。噢,原来你是怕死才哭的啊!"看着小男孩不好意思的样子,救援人员又问:"你那么怕死,为什么还愿意输血给你的同伴呢?"

小男孩抹了一把眼泪,认真地说:"因为她是我最好的朋友!"

他小小的声音感动了在场的所有人,他也许不知道,他对友情的表现方式有多么伟大。

大难临头的时候,人群中一般都会出现两种极端状况,第一是事不关己,第二是涌现具有牺牲精神的帮助别人的英雄人物。后者尤其体现在一个凝聚力强大的团队中间，然而这个故事中的英雄，是个惊魂未定的小男孩。

在小男孩的脑袋里，"朋友"这个词的意义，就是当朋友笑的时候，他一定也是开心的；当朋友哭的时候，他会很难过；当朋友需要他全部的血求生时，他仍然会慷慨地输给她。他觉得"朋友"就是在快乐和危难的时候，首先要分享和帮助的人。感谢朋友吧，因为朋友给了我们最温馨的关爱！

感恩对手，让你不断前进

任何一次挫折和失败里边都包含着成功的成分，同样，成功的机遇也会装扮成面目可憎的魔鬼，就看你是否拥有一双慧眼。

"敌人"这个名词我们再熟悉不过了，与敌人较量的过程中，挫折感更加强烈，大多数人都非常讨厌自己的敌人。但是，我们不妨反过来想一想：敌人是否可以将你锻炼成为一个坚强不屈的人呢？

敌人的力量能让一个人发挥出巨大的潜能，创造惊人的成绩。尤其是当敌人强到足以威胁到你的生命的时候，敌人就在你身后，你一刻不努力，你的生命就会有万分的惊险。

有了敌人并非坏事，只要你勇敢地去面对，你就不会怕他，你会想方设法战胜他，并且这个过程可以增加你的勇气。反之，你越来越怕他，你就不会尝到战胜敌人时的那种欢乐和兴奋，所以，我们不要惧怕敌人，要勇敢地面对他，把他当作让你增加勇气的一位好朋友。

在现实生活中，要学会感谢你的敌人和对手，因为你的进步和成熟是在与你的对手或敌人的较量中逐渐积累起来的。

美洲虎是一种濒临灭绝的动物，世界上仅存17只，其中有一只生活在秘鲁的国家动物园里。

为了保护这只虎，秘鲁人单独圈出1500英亩的山地修了虎园，让它自由地生活。参观过虎园的人都说，这儿真是虎的天堂，里面有山有水，山上花木葱茏，山下溪水潺潺，还有成群结队的牛、羊、兔供老虎享用。奇怪的是，没有人见这只老虎捕捉过猎物（它只吃管理员送来的肉食），也没见它威风凛凛地从山上冲下来。它常常躺在装有空调的虎房，吃了睡，睡了吃。

一天，一位来此参观的市民说："它怎么能不懒洋洋的？虎是林中之王，你们放一群只吃草的小动物，能提起它的兴趣吗？这么大的虎园，不弄几只狼来，至少也得放几条豺狗吧？"虎园管理员听他说得有理，就捉了3只豹子投进虎园。

这一招果然灵验，自从3只豹子进了虎园，美洲虎不再整天吃吃睡睡，而是日渐精神抖擞起来了，天敌竟可以激起动物生活的信心！

没有敌人的环境往往让人丧失进取心，腹背受敌、四面楚歌的处境则让人爆发力量。罗马帝国因没了强大的对手而分崩离析，东方的强秦统一不久就迅速覆灭，不能不说是因为同样的原因。对手和敌人能激发出你生命的动力。对手和敌人能使你在沉闷死寂的生活中迸发出激情。

没有对手和敌人，你就没有人生的超越，没有对手和敌人，你就会走向堕落。回顾你走过的路，你会惊奇地发现，真正促使你成功的不是顺境，真正让你坚持到底的不是亲人和朋友，真正激励你的不是金钱和荣誉，而是那常常可以置人于死地的打击、挫折或死神。因为竞争，敌人会费尽心思地去收罗我们的资料详加分析，因此他们会比我们自己更加了解自己，因此他们知道可以击败我们或者提升我们的更有效的方法。

那是一场看似普通又极为特殊的世界职业拳手争霸赛。正在比赛的是两个美国职业拳手，年长的叫卢卡，30岁；年轻的叫拉瓦，25岁。上半场两人打了6个回合，实力相当，难分胜负。在下半场第7个回合，拉瓦接连击中老将卢卡的头部，打得他鼻青脸肿。

短暂的休息时，拉瓦真诚地向卢卡致歉。他先用自己的毛巾一点点擦去卢卡脸上的血迹，然后把矿泉水洒在他的头上。拉瓦始终是一脸歉意，仿佛这一切都是自己的罪过。

接下来两人继续交手。也许是年纪大了，也许是体力不支，卢卡一次又一次地被拉瓦击倒在地。

按规则，对手被打倒后，裁判连喊3声，如果3声之后仍然起不来，就算输了。每次都不等裁判将"3"叫出口，拉瓦就上前把卢卡拉起来。卢卡被扶起后，他们微笑着击掌，然后继续交战。

这样的举动在拳击场上极为少见。

最终，卢卡负于拉瓦，观众潮水般涌向拉瓦，向他献花、致敬、赠送礼物。拉瓦拨开人群，径直走向被冷落一旁的老将卢卡，将最大的一束鲜花送进他的怀抱。

两人紧紧地拥在一起，相互亲吻对方被击伤的部位，俨然是一对亲兄弟。卢卡真诚地向拉瓦祝贺，一脸由衷的笑容。他握住拉瓦的手高高举过头顶，向全场的观众致敬。观众更加沸腾了，为这一对相拥在一起的对手欢呼。

感谢你的对手和敌人，是他们给你创造了一个又一个生命的春天。感谢我们的敌人，因为他们的存在，我们有了成功的喜悦、有了失败的悲伤、有了生存的压力、有了发展的动力……在每一场竞争结束的时候，有幸作为胜利者的你，请不要忘记感谢你的敌人，这不是惺惺作态，而是发自内心的真诚，因为他们也为你的成功付出过！

感谢他人的羞辱

羞辱,是每一个人都不想遇到的,但是那些成大事业者,往往都是从羞辱中走过来的。这里,我们并不是在宣扬羞辱的经历是一个人成功的元素,我们要说的是,如果你不幸遭遇到了羞辱的事情,那么不要觉得难堪,不要觉得抬不起头,要乐观地面对人生:羞辱可以锻炼韧性,可以成就强者。

有一个男孩,出身于一个贫寒的单亲家庭。父亲早年离他而去,只留下他与母亲相依为命。母亲是个只会打零工的女人,每个月只能拿到不足30美元的工钱。但是,尽管这样,母亲还是把他送到了学校。

由于贫穷,他是整个学校救济的对象。但是,他没有让人看笑话,经过他艰苦的努力,他的成绩一直在班级名列前茅。尽管成绩这么好,他也丝毫没有骄傲自满。因为,他深深地领悟到,如果没有同学们的接济,无论如何他也取得不了现在的好成绩。所以,他除了用心学习以外,还提醒自己要懂得感恩、奉献爱心。

一天,班主任老师发动同学们为"社区基金"捐钱。他听到这个消息后,助人的温暖也悄然在他的心中萌芽。善良的他平常都是接受同学们的帮助,当下,有了这样一个机会,他是多么希望自己也能向别人伸一下援手啊！于是，他默默地付诸了行动。

几天后，也就是班级同学正式募捐的日子，小男孩手里攥着自己捡垃圾挣来的3块钱，激动地等待着老师叫他的名字。他想，这样他便可以自豪地走上讲台捐出自己挣来的血汗钱了。想到这里，他的脸上溢满了幸福的光辉。但是，奇怪的是，全班同学的名字都被老师喊遍了，唯独没有他。他大为不解，于是便向老师问个究竟。

他原本以为老师会惭愧地说，对不起，我把你给忘记了！不料，老师却厉声说道："我们这次募捐正是为了帮助像你这样的穷人，这位同学，如果你爸爸出得起你5块钱的课外活动费，你就不用领救济了……"话虽不多，却深深刺痛了他的心。那天，男孩眼含着泪水冲出了学校。从此以后，他再也没有踏进这所学校半步！

光阴似箭，转眼之间，20年一晃而过。直到突然有一天，男孩以及他的名字出现在了美国最出名的电视台上，人们才恍然大悟：原本的小男孩如今已经成为美国最著名的节目主持人！

他的名字叫狄克·格里戈。谈及他的成功，大多数媒体都断定是贫穷激励了他，他却说"不全是，还有20年前那场心灵的挫折——那场来自老师的羞辱"。有人问他："你还和那个老师有来往吗？"他爽朗地回答："为什么会没有来往，我当上主持人的第一天，就买了一大束鲜花亲自送给了他，我要用这束鲜花来告诉大家，感谢羞辱过你的人，因为，正是他们用粗糙的话语磨就了你进取的利剑！"

狄克·格里戈用自己的亲身经历告诉了我们这样一个道理——永远不要让羞辱的冷水激怒了自己，而要把它看成是一种心灵的洗礼，因为，经过这盆冷水的冲刷，梦想将会更明朗，信念将会更加笃定！

人在遭受了羞辱后，一般都会有两种选择：有的人承受不起羞辱的折磨，从此悲观厌世、意志消沉，最终导致精神的萎靡，从此一蹶不振。有的人即使身体遭受了巨大的折磨，但是内心的火花不败，他们有着顽强的意志和斗争力，终于赢得了人生的荣耀。

格林尼亚生于法国西北的瑟堡，父亲是一家造船厂的老板，整天忙于发财，对子女溺爱有余，管教不足。格林尼亚从小游手好闲，整天浪迹街头，不把学习放在心上，成了一个名副其实的公子哥。由于长相英俊，花钱出手大方，格林尼亚在情场上春风得意，总能讨得异性的欢心，把一个个漂亮的姑娘吸引到身边。

在这个世界上，拥有金钱并不意味着就拥有一切，相貌堂堂也未必就能赢得尊重。在一次午宴上，格林尼亚走到出众的美女波多丽面前调情。与以往每次都获得美人心相反的是，他不但没有赢得波多丽的欢心，反而遭到了一番奚落："请你走远一点，我就讨厌像你这样的公子哥在眼前晃荡！"

一句充满蔑视的话，如同一把匕首捅在心头。他长期以来呈休眠状的羞耻心一下子惊醒过来。格林尼亚陡然意识到：家庭的富有并非个人的荣耀，要赢得真正的尊重，有赖于用努力去争取。他要排遣无边的懊恼和悔恨，甩掉一身自以为潇洒的轻浮，打起精神走上一条有理想有追求的路。

这年格林尼亚21岁，为了摆脱家庭溺爱带来的松懈，他决定换一个生活的环境，遂留下一封书信表明心迹说："请不要打听我的下落，请相信，通过刻苦学习，我一定会干出些成就来的。"

格林尼亚由瑟堡来到里昂，两年修完耽误的全部课程，取得里昂大学插班就读的资格。投入校园的生活后，他倍加珍视来之不易的机会，引起了化学权威巴尔的注意。在名师的指点下，他进行了一系列的实验，很快就发明了格氏试剂，被学校破格授予博士学位。这一消息轰动了法国，也让格林尼亚的父亲倍感欣慰。

又付出4年的辛劳，格林尼亚取得了卓越的成绩，1912年被授予诺贝尔化学奖。波多丽得知这一喜讯，在病榻上提笔给他写了一封贺信："我永远敬爱你！"就这么一句话，让格林尼亚激动万分。他永远感激这位美女当初对他近乎侮辱的训斥。

  有时候，羞辱反而是我们成功的动力，对于这种训斥和羞辱，我们没有理由不去感恩！生活中不断地会有大大小小的委屈发生着，关键是看你处理它们的态度。如果你因为别人一句羞辱的话而自暴自弃，那么你永远就没有机会向他展示你强大的一面。你可以永远记住这些羞辱，但是不要被它们缠住。

感恩缺憾，发现另外一种美

在这个世界上，有许多人，他们总认为别人所有的种种幸福是不属于他们的，以为他们是不配拥有的，以为他们不能与那些命运特佳的人相提并论，尤其是一些身体有缺陷的人，总以为从此以后世界上种种最美好的东西就与自己无缘了，从此开始自暴自弃，陷入自卑自怜中。

世界是公平的，决不会因为身体的缺陷而剥夺一个人的成功与幸福。世界上每一个人都有着相同的机会，就要看你是否有信心、有毅力去把握了。

霍金教授的身体状况众所周知。21岁的时候，他被确诊患有罕见的、不可治愈的运动神经病ALS，叫做肌萎缩性侧索硬化。1963年，医生说他只能活两年半。并且随着病情的恶化，他将失去所有的活动能力。然而，这种致命的打击并没有击倒霍金，他也并没有因为自己丧失所有活动能力而否定自己的价值。

霍金自称："幸亏我选择了理论物理学，因为研究它用头脑就可以了。"霍金虽然不能用笔和纸工作，却因借助描绘在纸上的精神图像表达他的思想而得到补偿。霍金的方法使较传统的需要假说、实验和观测的科学方法更加直觉。由于霍金无法说话，他只能借助声音合成器来发声，这种方法十分费力，所以他的讲演风格既简练又准确，没有其他讲演者频繁使用的矫揉造作手法和废话。

霍金的体力和勇敢尚不及他精神上的勇气。对于爱因斯坦关于宇宙创生的名言"上帝不掷骰子",霍金的回答是:"爱因斯坦错了,上帝不仅掷骰子,有时候还在看不见骰子的地方掷骰子。"还有谁在当时有胆量向阿尔伯特·爱因斯坦发起挑战?通过自身不断地努力,霍金克服了身体上的痛苦,取得了极其伟大的科学成果,他提出了黑洞理论,将理论物理学提高到了一个新的层次。为此,霍金被选入伦敦皇家学会。在传统的授职仪式上,霍金忍受着身体的痛苦把自己的名字添进其光荣榜上——有伊萨克·牛顿的签名的书中。观众们屏住声息,直到霍金完成最后一个字母,然后热烈地鼓起掌来。1979年,霍金被任命为剑桥大学卢卡斯数学教授——这个曾被牛顿获得的荣誉职位。

霍金之所以伟大,除了他在学术上的贡献外,最重要的一点是他能积极乐观地生活。对于一个失去所有活动能力的人,换作在别人身上早就失去生存的勇气了。然而他心中没有仇恨,没有苦恼,也没有怨天尤人,而是永远不甘心放弃,积极向上,用自己执着与乐观精神去战胜了身体的缺陷。

其实,我们每个人都不可能是完美无缺的,人人都有缺陷,过分地关注自己的缺陷则是最愚蠢的行为。历史上有许多这样的例子:为了要补救自己身体上的缺陷,一些人选择了可敬的品格,实现了奇迹般的成功;而另一些感觉到自己其貌不扬、甚至丑陋的人,往往能在学问事业上努力奋斗,实现种种在平常的情形下难以完成的事业。他们的动力,就在于弥补自己的缺陷。

世界超级小提琴家帕格尼尼就是一位同时接受两种馈赠,而又善于用苦难的琴弦把天才演奏到极致的天下第一奇人。

他首先是一位苦难者。4岁时一场麻疹和强直昏厥症,使他白布裹尸装入棺材。7岁患上严重肺炎,不得不大量放血治疗。46岁牙床突然长满脓疮,只好拔掉好几颗牙齿。牙病刚愈,又染上了可怕的眼疾,幼小的儿子成了手中拐杖。50岁后，关节炎、肠道炎、喉结核等多种疾病吞噬着他的肌体。后来声带也坏了，靠儿子按口型翻译他的思想。他仅活到57岁，就口吐鲜血而亡，死后尸体被先后搬迁了8次。

尽管生活给帕格尼尼设置了各种障碍和旋涡，但他没有放弃信念。他长期把自己囚禁起来，每天练琴10至12小时，忘记饥饿和死亡。13岁起，他就周游各地，过着流浪生活。他一生和5个女人发生过感情纠葛，其中有拿破仑的遗孀和2个妹妹。姑嫂间为他展开激烈争夺。但他不屑于上流社会生活，认定命该受苦受难。在他眼中这也不是爱情，而只是他练琴的教室和获得唯一一个儿子的公平交易。除了儿子和小提琴，他几乎没有一个家和其他亲人。

他其次才是一位天才。3岁学琴，12岁就举办首次音乐会，并一举成功，轰动舆论界。之后他的琴声遍及法、意、奥、德、英、捷等国。他的演奏使帕尔马首席提琴家罗拉惊异得从病榻上跳下来，木然而立，无颜收他为徒。他的琴声使卢卡观众欣喜若狂，宣布他为共和国首席小提琴家。他在意大利巡回演出产生神奇效果，人们到处传说他的琴弦魔力无穷。歌德评价他"在琴弦上展现了火一样的灵魂"。李斯特大喊："天啊，在这四根琴弦中包含着多少苦难、痛苦和受到残害的生灵啊！"

人们不禁问：是磨难成就了天才，还是天才特别热爱磨难？这问题一时难说清。但人们知道：弥尔顿、贝多芬和帕格尼尼被认为世界文化史上三大怪杰——或许这正是上帝用他的搭配论早已计算搭配好的呢？

如果你有了某种缺憾，不要轻易气馁，要努力奋斗，这种奋斗当然会很艰难，但是只有敢于奋斗的人，才堪称强者。

第四章
知足——生活知足，处处都是完美

　　人的烦恼也是有原因的，这一切原因的根源就是欲望。西方有位哲人说过："人的欲望就像是一座火山，如不控制就会害人害己。"过分的贪婪是一种顽疾，极易使人成为它的奴隶，并且迷失自己。我们活着，最重要的就是克制自己的欲望，懂得知足常乐。唯有这样，我们才能从贪婪的精神桎梏中解放出来，生活才会充满快乐。

知足常乐，拒绝贪婪

对于知足的人来讲，一杯水都能成为一片快乐的海洋。做人要知足不要贪婪，贪婪的人眼睛总是盯着看得见的利益，不愿正视人生的有限，一味放纵私欲，毫无节制地强取豪夺，永远无法体味人生的幸福和快乐！

在很早以前，有一位秀才叫常乐，平日里靠卖字画为生。

在一个寒冷的冬日，常乐又拿着自己亲手创作的字画到集上去卖，在集上足足等了一整天，也没卖掉一幅字画，常乐感到非常沮丧，无奈之下只好收起字画往回赶。一路上常乐感到又冷又饿，原来自己整整一天滴水未进，走到半道又遇刮风，体力实在难以支撑，想找个地方休息一会儿，避避风寒。恰巧正来到一座大桥前，心想到桥洞内暂避一时也好。他漫步来到桥下，只见桥下面还有一堆灰，伸手一摸还有点热乎气，常乐赶忙放下字画，伸出双手烤了起来，烤了会儿手，又烤了双脚，顿时感到暖和多了。此时的常乐感到自己非常幸运和幸福，便大声说道：知足了，知足了，这样就可以了。由于心血来潮，还为此吟诗一首：十年寒窗苦读书，家庭贫寒亲友无。做人心中无奢侈，冷天有灰便知足。

恰巧有一员外从此路过，听见有人大声咏诗，便停下脚步仔细听听，是何人在这大冷天里作诗呢？诗毕员外随声音走过去，便问常乐，老弟为何有如此雅兴在此作诗呢？常乐见有人来赶紧起身行礼，一边行礼一边说：员外不知，我乃一穷秀才，名常乐，刚到集上卖画……一五一十地告诉了来人。员外听后说道："易知足者，常乐也。"

正是因为常乐的知足，才让他有了生活的动力。最后在员外的帮助下常乐成了一位有名的教书先生。正所谓知足者常乐。

我们来到这个世界上，本来就是赤条条的，一无所有，是上苍赋予了我们生命、亲友及物质财产等。上苍已经待我们不薄了，使我们拥有了这么多。可是，我们还不曾满足过，依然在祈求上苍给予更多。却不知祈求太多，生命就显得过于沉重，从而觉得生活好像是一种负累。所以人要懂得知足，不要贪婪。

"人心不足，蛇吞象"，贪婪的人欲望是永无止境的。俄国作家普希金在其作品《渔夫与金鱼》中就描写了一个十分贪婪的老婆婆，和这个老婆婆一样，凡是有贪婪病态心理的人对待金钱、权力、美食、财产等方面永远都是贪得无厌，永不知足的。有一则寓言故事叫"齐人盗金"，说的是古代齐国有一个十分贪婪、利欲熏心的人。一天他走到集市，看见摊子上摆着待出售的黄金，于是拿起一块就走，被人捉住后，他说："吾不见人，徒见金。"为了满足自己的私欲，贪婪心理的人常会丧失理智，不顾道德、法规的约束和舆论的谴责，疯狂地、无耻地索要，用种种借口来满足自己的私欲。

"贪"的本义指爱财，"婪"的本义指爱食，"贪婪"是指贪得无厌，意即对与自己的力量不相称的某一目标过分的欲求。它是一种病态心理，与正常的欲望相比，贪婪没有满足的时候，反而是愈贪愈满足，愈满足，胃口就越大。"天下熙熙，皆为利来。天下攘攘，皆为利往。"因此，做人要力戒贪婪，要正确认识自我和分析自己的人生轨迹与心理的变化轨迹，以提高自己战胜自我和把握自己命运的能力。以"不以物喜，不以己悲"自勉。告诉自己不要太贪心，做人要有理想与抱负，要有更高的追求，不能只停留在金钱的追求与享乐上。

要懂得满足。不要对生活的期望值过高。虽然每个人对生活都会寄予需求与希望，但是这需求与希望要与本人的能力及社会的条件相符合。生活中有欢乐，也有缺失，不能一味地攀比，俗话说"人比人，气死人"，"尺有所短，寸有所长"，"家家都有本难念的经"。调整贪婪心理的最好办法就是知足常乐，"知足"就是懂得满足，知道满足了，就不会再有非分之想，"常乐"也就能保证正常心理平衡了。

　　老子曾说过："祸莫大于不知足，咎莫大于欲得。故知足之足，常足矣。"能无欲无求，而心自静；心自静，而道渐兴焉。要知道：快乐是人类社会众望所归的最高境界。一个把名缰利锁看得太重的人，注定是不快乐的。快乐就是看淡尘世的物欲、烦恼，不慕荣利。天下最大的祸患莫过于不知足，最大的罪过莫过于贪得无厌。不知道珍惜现有的，过分贪得名利，势必招来灾祸和不幸。

选择了简单，人生就更加精彩

古话说得好：大道至简。人生的烦恼，大多因为一些琐事而生，用一颗平淡的心去简单地看待生活，果断地放下各种负担，才会活得潇洒，活得从容。简单是一种心灵的净化，是一种平和的心态。简单是一种积极、乐观、向上的生活态度。也许你的经济条件不如别人，但你不奢求华屋美厦，不垂涎山珍海味，不追时髦，不扮贵人相，过一种简朴素净的生活，就证明你的内心是充实而富有的。选择了简单，就是选择了幸福，就能活出一份精彩的人生。

约翰逊经过几年的打拼，终于有了自己的公司，年收入超过100万美元。然而，就在公司蒸蒸日上的时候，约翰逊做出了一个令所有人都吃惊的举动，他把公司交给太太管理，自己则转到一家大企业上班，月薪5000美元。周围的人都无法理解他的这一举动，问他："你为什么要放弃自己的公司，而到其他公司上班，拿那么少的薪水呢？"

对此，约翰逊解释说："我当时的想法很简单。那个大公司承诺给我一间办公室，旁边摆着一台音响，每天都能愉快地听着音乐工作。这正是我一直想要过的日子。"

约翰逊并不想做什么大人物，他从不认为男人就非得当老板。不过，他观察到大多数的男人好像都非得做个什么老板，觉得这样才有面子。

以前，约翰逊也有这样的想法，到后来他发现这其实是一道"枷锁"。于是，他开始慢慢欣赏别人的成就，而不是处处跟别人计较。他说，也许别人比我有钱，做的官比我大，但是却比我活得辛苦，甚至还要赔上自己的健康和家庭。

约翰逊还说，他这辈子最想成为一名"义工"，虽然没有名片，也没有头衔，但却是一个非常快乐的人，"我希望我50岁之前，能够完成这个心愿。"

简单的意义，不是幻想生活而是面对生活，祈求心灵的宁静。它根本就不在千里之外，而是在你心中。你生活得简单，那么心态自然就平和了。简单的生活，才是最真实的生活，可以让我们抛开世事的纷繁复杂，活出一份精彩的人生。

在海边的一个小渔村，有一个美国人在码头上，看着一个日本渔夫驾着一艘小船靠岸。小船上有几尾大黄鳍鲔鱼，这个美国人对日本渔夫抓这么高档的鱼恭维了一番，问他要多少时间才能抓这么多？

日本渔夫说："才一会儿工夫就抓到了。"美国人再问："你为什么不呆久一点，好多抓一些鱼呢？"日本渔夫觉得不以为然："这些鱼已经足够我一家人一天生活所需了。"美国人又问："那么你一天剩下那么多时间都在干什么呢？"

日本渔夫解释："我呀？我每天睡到自然醒，出海抓几条鱼，回来后跟孩子们玩一玩，黄昏时候到村子里喝点小酒，跟哥们儿玩玩吉他，我的日子可过得充实而又忙碌呢。"

美国人不以为然，帮他出主意，他说："我是美国哈佛大学企业管理硕士，我倒是可以帮你忙，你应该每天多花一些时间去抓鱼，然后把它们拿到集市上去卖掉，到时候你就有钱去买条大一点的船。然后，你自然就可以抓更多的鱼，再买更多的渔船，到最后你就可以拥有一个渔船队。到时候你就不必把鱼卖给鱼贩子，而是直接卖给加工厂，或者你可以自己开一家罐头工厂。如此你就可以控制整个生产、加工处理和行销。然后你可以离开这个小渔村，搬到大阪城，再搬到横滨，最后到东京，在那里经营你不断扩充的企业。"

日本渔夫问："这要花多少时间呢？"

美国人回答："15到20年。"

日本渔夫问："然后呢？"

美国人大笑着说："然后你就可以在家当皇帝啦！时机一到，你就可以宣布股票上市，把你的公司股份卖给投资大众。到时候你就发啦！你可以几亿几亿地赚！"

日本渔夫问："然后呢？"

美国人说："到那个时候你就可以退休啦！你可以搬到海边的小渔村去住。每天睡到自然醒，出海随便抓几条鱼，跟孩子们玩一玩，黄昏时，晃到村子里喝点小酒，跟哥儿们玩玩吉他。"

日本渔夫说："我现在不就是过这样的日子吗？"

一个人唯有用一颗平淡的心去简单地看待生活，才会活得潇洒，活得从容。人生在世，最重要的是活得自然，活得真实，奉行简单，才能避免误入贪婪的深渊。人生苦短，岁月如流，为什么不简简单单地活一辈子呢？

太平洋上的布拉特岛边的水域中有种鱼叫王鱼，有的王鱼有鱼鳞，有的王鱼没有。没有鳞的王鱼，一辈子活得比较好，因为比较简单自然，与外界更能融洽，活得更自我一些。但有的王鱼会让自己慢慢有鳞。

王鱼的鳞来自外界，只要它愿意，就能吸引动物贴附在自己身上，它先给它们一点自己的分泌物，然后就千方百计把小动物身上的物质吸干，慢慢地将它们变成自己身上的一种鳞片。其实那不是鳞，而是一种附属物。

当王鱼有了这些附属物之后，就变成另一种形态：像个大气球，外表很好看，体积比过去也大出好几倍，貌似强大。

当这种王鱼进入后半生时，因为身体功能退化，附属物慢慢脱离，这使王鱼重新还原为没有鳞时的面目。掉了鳞片的王鱼非常痛苦，它无法再适应这个世界，游动得也很不自然，干什么都不像它自己，什么也干不成，还变得异常烦躁，每时每刻都在绝望地挣扎，甚至还无端地攻击别的鱼来解脱自己。可惜，现在的它既没有了往日的能力，也没有了鳞片的保护，所以只能被别的鱼撕咬，直至遍体鳞伤。

于是王鱼就去自残，往岩石上猛撞，活得惨不忍睹。往日主宰的一切包括自己的生命，都不再属于自己。自己变了，世界也就变了。越是身上附属物多的王鱼，后来就会越痛苦。最后会浮上水面，跳跃挣扎而死。死时的王鱼，身上红肿，完全不像个鱼的样子。这些王鱼活得太惨的原因，是因为它们不该选择附属物作为自己的鳞片。

有的人一生就像这些王鱼一样，本来是可以自然简单地生活着，但为了某种欲望和目的，则常常不喜欢也不满足这个本来的自己，于是便靠着一些附属物来生活，殊不知，这些身外之物却是生不带来、死不带去的。人生在世，贵在懂得知足，要有一颗豁达开朗平淡的心，在缤纷多变的生活中，保持着简单的心态，那么生活自然就愉悦了。

不要做金钱的奴隶

周国平曾说过:"做金钱的主人,关键是戒除对金钱的占有欲,抱一种不占有的态度。也就是真正把钱看作身外之物,不管是已到手的,还是将到手的,都要与之拉开距离,随时可以放弃。只有这样,才能在金钱面前保持自由的心态,做一个自由的人。凡是对钱抱占有心态的人,他同时也就被钱占有,成了钱的奴隶,如同希腊哲学家彼翁在谈到一个富有的守财奴时所说:'他并没有得到财富,而是财富得到了他'。"因此,现实生活中的你在追求金钱的时候,别忘了追求金钱的目的。别让金钱成为主宰你的主人,要明确它只是你获得快乐的手段而已。快乐才是生活的真谛,金钱奴隶的命运既是可怜又是可悲的。

从前有一对朋友看到一位和尚从丛林中惊慌失措地跑出来。两人问和尚为什么这样惊恐不安。

和尚说:"我在丛林里看到了一个吃人的东西。"

"你是说里面有老虎?"两人问道。

"不,不是老虎,它远比老虎厉害,是我在挖药草时挖出的一堆金币。"

"在哪里,快告诉我们。"

"就在里边。"说完,和尚就走了。

"那个和尚真蠢啊,竟然把如此珍贵的金币说成是吃人的东西!"一个人说。

"他毕竟是出家人嘛!"另外一个说。

两人找到了金币,一个说道:"让我想想怎么办。现在是白天,如果直接拿回村里,会让街坊邻居看到,最好还是夜里偷偷拿回去吧!我们留下一个人在这儿看守金币,另外一个回去拿吃的。"

一个人去拿饭了,留下的人想:"太遗憾了。今天要是我一个人来多好呢,现在还得分出去一半!等他来了,我就拿刀捅死他。"

拿饭的人也在想:"我为什么要分一半给他呢?我欠了债需要偿还,还得为晚年做准备,不行,我不能分给他。我要在饭里下毒毒死他。"想好之后,他带着饭来到了丛林里。

刚一到,那个人就突然给了他一刀,结果了他的性命。行凶者说:"不是我杀了你,是一半金币杀了你。现在我该吃饭了。"

他吃下了有毒的饭,一刻钟后他一命呜呼了。他临死前感叹:"那位和尚说得对啊!"

金钱不是万能的,但没有金钱是万万不能的。虽然这个道理人人皆知,但要真正明白一个道理,金钱会腐蚀人的心灵,摧毁人类最宝贵的情感,但金钱只是身外之物而已,只有人类的感情才能永存于心。要明白生命的意义不在于你拥有多少钱,而在于你拥有多少感情。金钱令人发狂,所以该舍就舍吧!

利奥·罗斯顿是美国最胖的好莱坞演员。1936年,在英国演出时,因心肌衰竭被送进汤普森急救中心。抢救人员用了最好的药,动用了最先进的医疗设备,仍没挽回他的生命。临终前,罗斯顿曾绝望地喃喃自语:"我的身躯很庞大,但我的生命需要的仅仅是一颗心脏!"

罗斯顿的这句话深深触动了在场的哈登院长,作为胸外科专家,他流下了眼泪。为了表达对罗斯顿的敬意,同时也为了提醒体重超常的人,他让人把罗斯顿的遗言刻在了医院的大楼上。

1983年,一位叫默尔的美国人也因心肌衰竭住了进来。他是位石油大亨，两伊战争使他在美洲的十家公司陷入危机。为了摆脱困境，他不停地往来于欧亚美之间，最后旧病复发，不得不住进来。

他在汤普森医院包了一层楼，增设了五部电话和两部传真机。当时的《泰晤士报》是这样渲染的：汤普森——美洲的石油中心。

默尔的心脏手术很成功，他在这儿住了一个月就出院了。不过他没回美国。苏格兰乡下有一栋别墅，是他十年前买下的，他在那儿住了下来。1998年，汤普森医院百年庆典，邀请他参加。记者问他为什么卖掉自己的公司，他指了指医院大楼上的那一行金字。不知记者是否理解了他的意思。总之，在当时的媒体上没找到与此有关的报道。后来人们在默尔的一本传记中发现这么一句话："富裕和肥胖没什么两样，也不过是获得超过自己需要的东西罢了。"

拥有更多的财富是很多人的目标，财富的多寡可以成为衡量一个人价值的尺度。当一个人被列入世界财富排行榜时会引起多少人的羡慕，然而对于个人来说，过多的财富是没有用的，除非你是在为社会创造财富，并把多余的财富贡献给了社会。否则，这样的人只是金钱的奴隶而已。

但丁说过："拥有便是损失。"财富的拥有超过了个人所需的限度，那么拥有更多，损失就越多。培根说过："不要追求显赫的财富，而应该追求你可以合法地获得的财富，清醒地使用财富，愉快地施予财富，心怀满足地离开财富。"金钱能够满足生活需要就可以了，不要过多，过多只会带来争吵和不幸，更是不可能带来幸福的。所以，要想有个快乐的人生，那就避免成为金钱的奴隶，做一个寡欲的人吧！

控制心中的欲念，才能宽心度日

人生就是如此，生活中总是会有拖累你的东西，你必须清扫掉它们，做一个心宽的人。当幸福满怀的时候，你应该减少对欲望的追求，不要过分沉浸在妄念中，应该学会以沉静的姿态来对待生活。如此一来，你才能感到前所未有的轻松。

在曼谷的西郊有一座寺院，因为地处偏远，所以这里的香火并不旺盛。

上一届主持圆寂后，索提那克法师成为了新主持。他经常绕着寺院周围巡视，发现山坡上长满了灌木，杂乱无章。他便找来一把剪子，修剪一棵灌木，大半年之后，这棵灌木被修剪成了一个半球形状。

僧侣们不明白主持的意思，多次问主持，他却笑而不答。

有一天，寺院来了一位气宇不凡的客人，他说想要逛逛寺院。

索提那克法师陪他四处逛。行走时，那个人问索提那克："人怎么才能清除掉自己的欲望？"

索提那克法师微微一笑，回到禅房拿出那把剪子，对客人说："施主，请跟我来。"

来到寺院外的那处山坡，客人看到了满山的灌木，也看到了那棵修剪好的灌木。

法师把剪子交给客人，说道："您只要跟我一样经常修剪这棵树，那么您的欲望就会消除。"

客人尝试着用剪刀修剪灌木。过了一会儿，法师问他感觉如何。客人笑着说道："感觉不错，身体舒展轻松了很多，但是堵在我心头的欲望却还一直在。"

索提那克法师说道："刚开始是这样的，这很正常。经常修剪，就好了。"

客人跟法师约定半个月后再来。

其实这个客人是曼谷最有名的娱乐大亨，最近遇到了生意难题。

半个月后，大亨来了；一个月后；大亨又来了……三个月之后，大亨已经将那颗灌木修成了一只初具规模的鸟的形状。

索提那克法师问他是否懂得了消除欲望的道理。大亨说："在这里还能够心无挂碍，可是一离开这里，我所有的欲望都冒出了出来。"

法师还是笑而不语。

一阵子之后，索提那克法师又问了同样的问题，大亨还是那个答案。

接下来的一次，法师对大亨说："施主，你知道为什么我让你来修剪树木吗？我只是希望你每次修剪前，能发现原来剪去的部分，又会重新长出来。这就像是我们的欲望，你别指望完全消除。我们能做的，就是尽力让它变得更美观。放任欲望，就会像是满山坡杂乱无章的灌木，不具有美感。但是，经常修剪，则能成为一道亮丽的风景。对于名利，只要取之有道，用之有道，利己惠人，它就不应该被看作是心灵的枷锁。"

大亨这才明白法师的用意。

此后，越来越多的人来到这座寺院，其周围的灌木也被修剪成了各种各样的形状。

欲望如树，生生不息。太多的欲望将会使人失去心灵上的自由，成为心灵的负累，如果再任由它如野草般疯长的话，必定会把原本清净与安宁的空间全部挤占，陷入越来越多的烦恼与不安之中。禁欲是极端，纵欲也是极端。唯有剪去贪欲，才能保持清醒，才能拥有一颗宁静的心，才能拥有一颗愉悦的心。所以，当我们被欲望缠身、疲惫不堪的时候，就该修剪修剪过多的欲望了。

　　有一位虔诚的佛教信徒，每天都把自己花园里的鲜花拿到寺院供佛。一天，她在佛殿遇到了无德禅师。无德禅师对她说道："施主每天都这般虔诚地以鲜花供佛，来世定能获得庄严相貌的福报。"

　　佛教信徒听了十分高兴，说道："这是我应该做的，每次来礼佛，自觉心灵就像洗涤过似的清凉。但是回到家中，心就烦乱了。我是一个家庭主妇，怎样才能在喧嚣中保持一颗清净纯洁的心呢？请大师明示。"

　　无德禅师反问她："你经常用鲜花礼佛，相信你对花草并不陌生。我问你，你是用什么方法保持花朵新鲜的呢？"

　　信徒回答说："方法很简单，就是每天换水，顺便把花梗剪去一截。因为花梗的一端泡在水里容易腐烂，腐烂之后就不易吸收水分，那么花就容易凋谢了。"

　　无德禅师说："我们所处的生活环境就是花瓶里的水，我们就是鲜花。我们唯有不断地净化身心，剪去花梗，才能求得内心的安宁啊！"

　　信徒听后大悟。

　　做不到宽心的人，不懂得修剪自己的欲望，将所有的精力去牢牢抓住自己想到的东西，那么人生就只剩下了欲望与寂寞。没有飘香的人生，注定就是枯燥无味的人生。所以，当你忙忙碌碌，把自己弄得疲惫不堪的时候，就静下心来好好想一想，并替自己做一次欲望大扫除吧！

贫穷也是一种福气

快乐是我们每一个人都在追寻的,这种追寻贯穿了我们的一生。然而,快乐的源泉在哪里,却不是每一个人都能找得到的。当我们没有房子时,我们就会想,如果有一间自己的房子就好了,哪怕是一间小小的平房。当我们住进楼房后,又会想为什么别人有别墅呢?一个人,要想活得轻松一些,就要凡事豁达一点、洒脱一点,不必把金钱看得过重。要达到这种超脱境界,关键是寻求心灵的满足。因为,金钱并不是幸福的根源。

一个年轻人穷困潦倒,成天无所事事,东游西逛,靠别人的施舍过日子。

眼看冬天来了,人们已经开始穿厚厚的棉衣,他还穿着一身又脏又破的单衣,蜷缩在别人的屋檐下,冷得浑身直打哆嗦。

一位先生对他说:"你看上去不过20岁,身强体壮,为什么不去找点事做呢?"

年轻人说:"我也想干点事,可没有本钱啊!"

这位先生从自己的口袋里掏出一叠钱,塞到他手里说:"去吧,好好干!"

年轻人千恩万谢,拿着钱走了。

过了一些日子,那人又回到了屋檐下,身上还是那身又脏又破的衣裳,先生给的钱都已经花光了。雪花纷飞,天气越来越冷,他紧紧抱着双臂，浑身像筛糠一样打着寒战。那位先生又问他："小伙子，你有强健的身体，为什么要这样过日子呢？"

年轻人下牙"咯咯"地磕着上牙，可怜巴巴地说："有什么法子呢，太穷了！"

先生说："我昨天在医院里遇到一个病人，他非常富有，却快要死了。他想用金钱和你交换一些东西，不知道你愿意不愿意？"

年轻人眼光黯淡地说："我有什么东西可以和他交换呢？"

先生说："他想用万两黄金，换你的四肢，你乐意吗？"年轻人摇摇头。

"他还愿意拿十万两黄金，换你的心脏，你同意吗？"

"这不是要我的命么？不，决不！"年轻人把双臂抱得更紧了。

"如果他用所有的财产来换你的大脑，这样你一辈子就不用为钱发愁了，想要什么就有什么，只是你将成为一个植物人，终生躺在床上，你愿意吗？"

"先生，"年轻人痛苦地揪着自己的头发说，"假如我真的变成像你说的那样，那我还要钱干什么呢？"

先生脱下自己的长袍，披在年轻人身上，抚着他的肩头说："孩子，你缺少钱，却拥有这么多用金钱也买不到的财富，为什么要自暴自弃呢？振作起来，好好地生活吧，一切都会好起来的！"

年轻人惊愕地瞪大眼睛，突然把先生的双手紧紧抓住，使劲地握了又握。从此，屋檐下再也没有见过他的身影。

金钱买不到健康，也买不回青春，在人生最珍贵的东西面前金钱是最苍白无力的。如果你拥有金钱所买不到的东西，你为什么还要放弃自身的财富呢？为什么还要让自己的心理更加贫穷呢？

"得不到的东西永远是最好的，尤其是金钱财富"，在我们的一生中，我们耳边也许总能传来这样的声音。其实，这是我们无法满足欲望的无奈，也注定是无法拥有的遗憾。现实生活中，很多人都哀叹自己清贫，总是期待得到那些令人欣羡的财富，觉得没有得到这些就不幸福，却总是忽视我们本身所拥有的。这真是人生的一大悲哀。殊不知，清贫也是一种富有，也是一种福气。

在美国的一个小镇上住着一位80多岁的老人，他经常自豪地说："这个小镇上最富有的人就是我。"

没多久，镇上的税务稽查人员听到了这句话，出于工作需要，便登门拜访了这个老人。他们问："您说您是这个镇上最富有的人，有这回事吗？"

老人点点头说道："是的，我想是这样。"

稽查人员继续问道："既然如此，那您能说一说您拥有哪些财富吗？"

老人兴奋地说："当然可以了。我最大的财富就是我有健康的身体，你们别看我已经80多岁了，但我能吃能走，还能做点力气活，我不用到医院看病，这多好啊。"

稽查人员有些吃惊，但仍有耐心地问道："那么您还有其他的财富吗？"

老人说道："当然了。我还有一个温柔贤惠的妻子。我们在一起生活了将近60年了。另外，我的子孙们都很孝顺，他们都很健康，也很能干，这也是我的财富。"

稽查人员再次耐着性子问道："还有其他的吗？"

"我还是个堂堂正正的公民，没有任何污点，享有宝贵的公民权，这也是我的财富。另外，我有一群好朋友，还有……"

稽查人员有点忍耐不住了，直接问道："我们想知道的是您有没有银行存款、有价债券或是固定资产。"

老人十分干脆地说："没有。"

稽查人员又问："您确定没有这些吗？"

老人诚恳地说："我发誓，绝对没有。除了刚才我说的那些，其他的财富我都没有。"

听了这话，稽查人员肃然起敬地说："您说的很对，您的确是这个镇上最富有的人。您的财富属于您自己的，谁都拿不走，就连政府也不能收取您的财产税。"

看了这个故事，你还认为自己很贫穷吗？也许你没有钱去买名牌衣服，也许你没有钱去买豪华别墅，也许你没有钱去买高级跑车，但是千万别认为自己很穷，我们每个人都很富有。所以，不要相互羡慕，不要相互攀比，少一些欲望，知足一些就好。

面对贫穷，需要的是一份"宠辱不惊，闲看庭前花开花落；去留无意，漫随天外云卷云舒"的从容。面对贫穷，需要的是一份"穷且益坚，不坠青云之志"的志气。正视贫穷，它能开出幸福的花朵。

珍惜拥有，把握住当下

人如果不知足就会有太多的欲望，容易走向痛苦的深渊，从而迷失本性，失去自我。人生如梦，梦如人生，又何必总执着于贪婪的梦境之中呢？只有知足的人，才会懂得什么是真正的快乐，什么是真正的幸福。所以，不要忽略自己现在拥有的东西，而去盲目地羡慕别人的幸福。实际上，当你真正得到了的时候，你也许不觉得有优越感，但当你真正失去了你就会知道什么叫作心痛。只有懂得珍惜拥有的人，才能把握住幸福。

从前有一个人，在世的时候，他就是一个非常善良、热心肠的人。所以，他死了之后，成为了天堂的一个天使。他依旧保持着助人的习惯，经常到人间去帮助世人，帮他们找到幸福。

有一天，天使遇到了一个农夫，那个农夫看起来很苦恼，他就问农夫遇到了什么麻烦。农夫诉苦说："我家的水牛死了，没有水牛，我就没办法耕田了。"于是，天使赐给了他一头非常健壮的水牛，农夫很高兴，也感到很幸福。

又有一天，天使遇到了一个沮丧的男人。那个男人诉苦说："我的钱都被强盗抢了，现在身无分文，没有办法回家了。"于是，天使送给他几个金币做路费，男人很高兴，也感到很幸福。

又一日，天使遇见一个诗人，这个诗人不仅年轻、英俊，也有才华，还非常富有，他的妻子貌美又温柔，但他却过得不快乐。天使问他："你看起来不快乐，我能帮你做些什么吗？"

诗人对天使说："我什么都有，唯独缺少一样东西，你能满足我的愿望吗？"

天使回答说："可以。无论你要什么，我都可以给你。"

诗人望着天使说："我最需要的是幸福。"

天使听了犯了难，不过想了片刻，说："可以。"于是，天使把诗人所有的一切都拿走了，诗人没有了俊朗的容貌，没有了才华，没有了财富，没有了妻子，一无所有了。天使做完这些事情之后，就离开了。

三个月之后，天使又找到了这位诗人，那个诗人衣衫褴褛，快要饿死了。此时，天使将他的一切还给了他，之后就离开了。一周之后，天使再去看诗人，发现诗人很快乐。因为，他得到了幸福。

幸福在于珍惜并享有自己所拥有的，这是一种睿智。有位哲人说："不要迷失了你的眼睛，珍惜你现在所拥有的生活是最重要的。"的确如此，羡慕别人的生活毫无意义，因为你看到别人的幸福生活并不一定是你想象的那样，也许他们也正在羡慕你的生活呢。所以，不要在属于你的幸福的门前徘徊，要知道，你目前的生活才是最适合你的。

在现实生活中，我们一直以一种疲惫的状态行走，其中一个主要的原因就是我们的内心不满足。在人生的道路上，不知你有没有问过自己：我到底在追求什么？我为什么如此烦恼呢？其实，这就是贪婪的欲望在作怪，是它给我们带来无穷无尽的烦恼。要想过美满幸福的生活，要充分享受自己已经得到的一切，用一颗感恩的心去感受围绕在自己身边的幸福，及时发现她、珍惜她，那么你便能获得精神上的宁静，收获快乐与幸福。

一个青年在感情受挫后，因为想不开，便决定自杀了却此生。适逢一名和尚路过救下了他。

青年对这好心的和尚说："大师，你虽然拯救了我的身体，但是却无法抚平我受伤累累的心。"

大师对青年说："年轻人，看开些，命里有时终须有，命里无时莫强求，一切总在冥冥之中。"青年不明白大师的意思。

大师接着说道："年轻人请听我说个故事：从前在泰山脚下有一朵即将凋谢的玫瑰花。有一天，一名书生路过，见到了这花十分不忍，便用石片划破了随身携带的水囊，放在了花旁边，然后继续赶路。不久，水囊的水流尽了。过了一段时间，一名路人正好也遇到了这朵玫瑰花。爱花的路人，细心地将已枯萎了几叶的玫瑰花保存好，带回了家，日夜悉心照料。"青年陷入了沉思。

大师又说："年轻人，你的前世便就是那书生，而那花便是那女施主。前世你对她的浇灌之情，她已还，回报了你一段情。如今水尽情空，她爱的不是那个书生而是那个日夜悉心照顾她的路人啊！"

青年听了大师的一番解释，这才恍然大悟。

幸福是什么？它是一种对生命的感知，一种对人生的体验，一种有生以来造就的满足感。幸福在哪里？它就在眼前，就在你的心中。抱怨幸福不在自己身旁的人，无疑是最大的浪费者。过去的注定成为回忆，未来的又不可预期。不要等到老去的那一刻，才懂得失落和错过，更不要在理解幸福的那一刻，还要抱怨错过了多少幸福。现在能把握的幸福，就要趁早去快乐地享受。

过于贪婪，你会失去更多

有的时候我们不是拥有的太少，而是想要的太多，想要的多那就必须付出更多的努力，如此循环下去，我们就会一点一滴地丧失掉原本拥有的幸福的生活。《伊索寓言》说："有些人因为贪婪，想得到更多的东西，却把现在所拥有的也失去了。"的确如此，当一个人拥有太多的时候，这也就意味着开始失去。

有一个原本生活得很快乐的猎人，有一次，他捕获了一只能说话的鸟。

"放了我吧，"这只鸟说，"我将给你三条人生忠告。"

"先告诉我，"猎人回答道，"我发誓我会放了你。"

鸟说："第一条忠告是，做过的事不要后悔；第二条忠告是，如果有人告诉你一件事，你自己认为是不可能的就别相信；第三条忠告是，当你做一件事力不从心的时候，别费力勉强去做。"

然后鸟对猎人说："该放我走了吧。"猎人依言将鸟放了。

这只鸟飞起后，落在一棵大树上，并向猎人大声喊道："你真愚蠢。你放了我，但你并不知道我的嘴中有一颗价值连城的大珍珠。正是这颗珍珠使我这样聪明的。"

猎人很后悔，于是想再一次的捕获这只鸟，他跑到树下开始爬树。但是当他爬到一半的时候，已经筋疲力尽了，但是为了得到那颗价值连城的珍珠，还是拼命地往上爬。结果掉了下来，摔断了双腿。

鸟嘲笑他道："笨蛋！我刚才告诉你的忠告你全忘了吧。我告诉过你一旦做了一件事情就别后悔，而你却后悔放了我。我告诉你如果有人对你讲你认为是不可能的事的话就不要相信，而你却相信像我这样一只小鸟的嘴中会有一颗很大的珍珠。我告诉你如果你做一件事情力不从心的时候，就不要费力勉强了，但是你为了追赶我勉强自己爬上这棵树，结果掉下去摔断了双腿。有句箴言说的就是你：对聪明的人来说，一次教训比蠢人受一百次鞭挞还深刻。"说完，鸟就飞走了。

渴望拥有的更多，也许是人类的一种天性，并不是什么过错。可是贪心过重，会很容易让人成为欲望的奴隶，一旦陷入无穷尽的追逐当中，长此以往，活得自然不会轻松，自然也就不会感到快乐了。相比之下，渴望拥有的远远没有失去的多。

一天，一个老头到森林里砍柴，遇到了一只金嘴巴的小鸟。小鸟问他："你为什么要砍树呢？"

老头回答说："家里没有柴烧。"

小鸟说："你别砍了，明天你家会有很多柴的。"说完就飞走了。

第二天，老伴在院子里发现了一大堆柴，就问老头这是怎么回事。老头便把遇到金嘴巴鸟的事情说了一遍。

老伴对老头说："咱家还缺吃的。你去找金嘴巴鸟，让它给我们点吃的。"

老头找到金嘴巴鸟，说出了这个愿望。待早上醒来，他们发现家里果然多了很多肉、鱼、水果、葡萄酒以及其他食物。

他们吃饱之后，老伴对老头说："你去找金嘴巴鸟，让它送咱们一个商店，里面的东西应有尽有，那么我们就不会为生计发愁了。"

老头又找到金嘴巴鸟，向它说了这个愿望。待早上醒来，他们发现家里到处都是好东西，布匹、戒指、镜子、锅碗瓢盆，应有尽有。

老伴还不满足，让老头再去找金嘴巴鸟，希望可以变成王后，老头变成国王。

金嘴巴鸟又满足了他们这个愿望。但老伴的欲望还没有满足，她想得到金嘴巴鸟的魔力，还想让它每天来宫殿唱歌跳舞。

这一次，金嘴巴鸟愤怒了，盯着老头说："回去等着吧！"

第二天，起床后，他们发现自己变成了两个小矮人。

过重的贪心不停地诱惑着人们追求更多的东西，然而过度地追逐利益往往会使人失去本真。我们应该知道欲望是无止境的，要珍惜眼前的快乐，才能把握好自己的人生方向。否则被欲望蒙蔽心智，失去理智，就会成为一个贪得无厌的病态之人。这样的人精神上永无宁静，永无快乐，其结局是自我毁灭，失去所有的一切。

古时候，在某座大山脚下有一个村庄，村子里有一位砍柴为生的农夫。有一次，刚下过雨他就上山砍柴去了。下山的时候，他在山坡上一块很平整的大石头旁边休息。从山上下来的水，正好从这块石头上流过，把石头冲刷得干干净净。

农夫边休息边看石头，突然发现石头上水流经过的地方，有一个很浅的小坑，有指甲盖大小，里面有一个很亮很小的东西，在阳光下闪闪发光。他取出来一看，是金粒。"这下可发了！"他兴奋地喊了起来。

这之后，每当雨过天晴，他都会来到这块石头边，每一次都得到了数量不等的金子。他还发现，每当大雨过后，金粒就会填满这个小坑。一段时间后，农夫的贪欲开始膨胀了起来，心想："下大雨的时候冲下的金粒肯定很多，小坑满了以后其他的金粒就会被水冲走了。要是那个坑再大一点，岂不是能得到更多的金粒了吗？"于是，他把那个小坑凿成了碗口那么大。

几天过后，果真下了一场很大的雨，农夫暗想这次的收获肯定更大。雨后，他马不停蹄地上山，来到石头旁，定睛一看，坑里连一粒沙子也没有。农夫顿时泄了气，此后又下了几场雨，雨后他还是到那里去，但那里已经存不下任何东西了。

后来，农夫跟他人说起了这件事情。别人都说他贪婪的心断送了他的财源。

内心的富足才是真正的快乐，但是现实生活中又有几人能够做到这一点呢？许多人原本就富足，但由于贪心过重，为物所役使，陷入贪婪的深渊，结果抑郁沉闷，难以享受人生之乐。这难道不可悲吗？

欲望减少一分，快乐增多一分

只要是人都有欲望，并时刻被欲望包围，但这就是生活。我们活着，最重要的就是克制自己的欲望，懂得知足常乐。其实，要想多一分快乐，就不妨减少一分欲望，求得内心的平静和安详，这才是明智的选择。快乐是我们内心的一种感受，它就在我们身边，我们每天都可以见到它。但是，在贪婪的人眼里，快乐却总是很遥远，苦苦追寻快乐，却一直没有所获。

有一个国王，得了重病，御医对此是束手无策。

王后问国王："怎么样才能让你恢复健康呢？"

国王回答说："我是国王，享尽了人间的荣华富贵，但是我却感到不快乐。我当国王还有什么意义呢？"

王后说："这该如何是好啊？"

"去寻找一个天底下最快乐的人，我想知道他快乐的原因。"国王答道。

之后，王后将国王的话传达给了王子，让他去寻找天下最快乐的人。

王子想，托比是天下最富有的人，应该是最快乐的，我先去找找他。来到托比的住处，王子说明了来意，谁知托比一脸愁容，无奈地说："王子呀，我一天也没有感到快乐啊。"

王子不解，问道："你已经非常富有了，为什么还不快乐呢？"

"我的目标是赚到天下所有的钱，这个目标还没有实现，所以我不快乐。"

王子来到邻国，面见了邻国国王，并说明了来意。邻国国王说："我跟你父王一样，整天都忙于国事，根本就快乐不起来啊。"

王子告别了邻国国王，继续寻找。途中，王子遇到了一位智者，他告诉王子说："人间不存在快乐，只有苦难和忧伤，真正的快乐在天堂。"当然，王子没有相信他的话。

接下来，王子又遇到了不同职业的人，但他们的答案都不能让自己满意。直到有一天，王子遇到了一位乞丐。那天，王子正在树下叹气，正好被一个乞丐看见了。

乞丐问："年轻人，天气这么好，你还叹什么气啊？"

王子见是乞丐，十分恼火，呵斥他说："关你什么事啊！"

乞丐没有恼怒，反而是笑了笑，说："前面有条小河，天气这么热，不如我们去洗洗，去去暑气，别提有多快乐了。"

"快乐？你连饭都吃不上，还会快乐？真是太可笑了。"

"即使要不到饭，用野果充饥也不错啊。"

"那你晚上怎么睡觉呢？"

"地为床，天为被，多么宽敞啊。"

"那你身上有钱吗？"

"钱财是身外之物，我一个乞丐要钱干什么。钱太多了容易被人算计，我才不想自找麻烦呢！"

王子又问："那么权力呢？"

乞丐哈哈一笑说："权力算个什么东西？靠权力过日子的哪个比我快乐呢？"

王子问："你一无所有，到底凭什么这么快乐呢？"

"年轻人，我并不是一无所有！我拥有一切：太阳、月亮、春风、细雨、鲜花和无数的食物，这些都值得我快乐。"

王子恍然大悟，拉着他立即奔回了王宫。

人总是会有很多欲望，总是在不停地追求，认为得到了自己想要的财富以后，就会变成一个快乐的人，但总是在得到以后才发现，自己原来并不快乐。所有的一切都如同枷锁一般将自己牢牢地锁了起来。获得快乐的方法，就是挣脱贪婪的欲望枷锁，让自己一身轻松。欲望减少一分，快乐就会增加一分。

福斯先生是一个富翁，但是他曾经是一个穷小子。在他还没有富裕之前，他觉得自己的生活非常不快乐。他每天穿着破烂的衣服，冬天不能避寒，夏天不能挡雨，吃的都是残羹剩饭，每当看到富人们昂首阔步地走在街上，或者坐在马车上四处奔走的时候，福斯先生就有说不出的羡慕。他常常想：如果有一天我有了钱的话，我也会成为一个快乐的人。

福斯先生每天向上帝真心地祈祷，有一天，不知道是他的祈祷起了作用，还是命运之神眷顾他，他竟然捡到了一袋珠宝。福斯先生本来想把这袋珠宝据为己有，但是转念一想，他还是决定坐在那里等着珠宝的主人。福斯先生一连等了两天，终于等到了珠宝的主人。这个丢失珠宝的人看见福斯先生非常激动，也非常感动。他说："我以为再也找不回珠宝了，原来天下还有你这样诚实的人。年轻人，就冲你有这种精神，我决定把这袋珠宝赠送给你。"

福斯先生觉得一袋珠宝根本不可能让自己成为一个名副其实的富翁，他摇着头和珠宝的主人说："先生，我不想要这些珠宝，我想成为一个真正的富翁。"珠宝的主人看着福斯先生说："你这个想法很不错，这样吧，你就跟着我好了，我是一个专门做珠宝买卖的人。你可以跟着我做生意，我把这袋珠宝送给你做本钱。"

福斯先生对这个人千恩万谢，随后就跟着这个人做起了珠宝生意。福斯先生的运气非常好，第一批珠宝就卖了一个好价钱。随着生意越做越好，福斯先生的钱也越来越多，他终于可以像其他富翁一样，穿着华美的衣服，坐着漂亮的马车在大街上风光了。

为了把生意做大，赚到更多钱，福斯先生不断地吞并别人的店面，甚至连开始扶植他做生意的那个人,他也没有放过。福斯先生在几年之内就变成了一个有名的珠宝大亨,他出入各种上流社会,举办沙龙和晚宴。他和客人们谈笑风生,吃着美味的鱼子酱,喝着名贵的香槟。但是,一旦曲终人散,他就开始郁闷起来。

福斯先生想,只有钱才可以使自己快乐,自己要赚更多的钱,这样自然就可以快乐了。然而,钱越赚越多,福斯先生却越来越不快乐,他本想娶一个姑娘,但是当发现这个姑娘只是因为钱才愿意嫁给他的时候,他十分痛苦。不仅如此,因为福斯先生的名气渐渐大起来,他的珠宝店被一伙强盗盯上了。在珠宝店被抢以后,福斯先生更加担心自己的安全。他每天都生活得战战兢兢,生怕有人因为钱财来谋害自己的性命。

有一天,福斯先生站在办公室的玻璃窗边看着下面来来往往的人群。忽然,他看见一个衣衫褴褛的流浪汉,这个流浪汉脸上的表情就像是外面的阳光一样灿烂。福斯先生让人把这个流浪汉请到自己的办公室,他问流浪汉:"你这样穷,为什么还这样快乐?我这样富有,却为什么不快乐?"

流浪汉看着福斯先生,又看看自己,然后说:"尊敬的先生,您看看我,我肩膀上什么都没有,而您呢,您的肩膀上背着这样多的欲望,您怎么能快乐呢?"听完了流浪汉的话,福斯先生茅塞顿开。他立即拿出很多钱赠送给流浪汉,而且从那天开始,他决定建立一个收容所,收留流浪儿童和无家可归的人。自从开始做这件事情以后,笑容又回到了福斯先生的脸上,他觉得自己现在才是一个真正快乐的人。

其实,人来到这个世上的时候,都是背着一个空篓子的。人的一生,就是不断地往自己的篓子里放东西的过程。有了第一块还想要第二块,越想越多也就越放越多,贪得无厌,欲壑难填。一个人如果被欲望填满了内心,那么,他将难以获得快乐。要想多一些快乐,就要少一点欲望,这样才能求得内心的平静和安宁。

第五章
放下——放下过去快乐多

  人的一生就像是在长途跋涉，倘若背负一堆没有任何意义的东西在身上，会使原本就漫长的路途更加艰苦，一生都感觉不自由、不自在。当你真正发觉这些包袱就像石头一样，对赶路一点用处也没有的时候，你应该学会把它放下。那时，你才能感觉到身体立刻轻松了，更快乐了！

清空行囊，生活就不会那么沉重

每个人都背着一个行囊在人生的旅途上行走。一路上，我们会捡拾很多东西——地位、权力、财富、友谊、爱情、责任、事业……等到行囊渐渐地装满了，变得沉重了，快乐也就渐渐减少了。你本以为装进去的都是"好东西"，可是，正是这些"好东西"使得你的欲望膨胀，让你感到生活是如此的沉重，自然你也就与快乐无缘。

从前有个非常富有的人，拥有大量的财富，可是他却感觉不到一丝快乐。"怎样才能快乐呢？"他时常这样问自己。他已经厌倦了这里的生活，于是决定要到美丽而神秘的远方去寻找快乐。第二天，富翁背着许多金银珠宝踏上了寻找快乐的旅途。

一路上，他发现自己走得越远越是烦躁，根本没有所谓的快乐。走遍了千山万水，他累得气喘吁吁，根本就没有心思观赏野外的风景，也没能体会闲云野鹤的悠闲自在。

有一天，一位衣衫褴褛的农夫唱着山歌从对面走过来。富人忍不住问农夫："你看上去很快乐，难道你遇到什么好事了吗？""呵呵！是的，我觉得很快活！我刚从田地里回来，我的秧苗又长高了一大截。在回来的路上，我又幸运地捡到一些柴火和蘑菇！"

"我什么都有，你看我背上有这么多财富，可我就是感觉不到快乐，你能告诉我快乐的秘诀是什么吗?"农夫憨厚地笑笑说:"哪里有什么秘诀。只要你把背负的东西放下就可以了。"

富人忽然顿悟——自己背着那么沉重的金银珠宝,腰都快被压弯了,而且一路上担心的事情太多:晚上住店的时候害怕金银珠宝被人偷走,白天走在大路上又担心遇到强盗,带着太重不方便,可丢下又舍不得。整天忧心忡忡、惊魂不定,怎么能感受到快乐呢?

如果富人只带够用的银两,并把心思单纯地放在欣赏自然风光上,或者把金银珠宝分发给穷人,他会因为没有了沉重的包袱而快乐,会因为给予别人帮助而快乐。在现实生活中,如果你一直被欲望沉沉地压着,能不精疲力竭吗?唯有放下负担,消除过多的欲望,你才能发现真实、平淡的生活才是你最需要的。

在一个秀丽的湖边,住着一个靠手艺维持生活的小裁缝。他家里妻儿老小六口,全靠他起早贪黑地帮人锁边、补补丁、修修改改等挣些零钱维持生活。

小裁缝的日子过得很清苦,但忙中偷闲,到了晚上,他们一家人都会到湖边去坐坐,有说有笑,不知不觉中就忘掉一天的疲惫。裁缝的生意也会有清淡的时候,一到这时,裁缝心里就会有些着急。裁缝的邻居是一个百万富翁,生意不受季节影响,白天黑夜忙于算账点钱,这让裁缝非常羡慕。

一天晚上,裁缝又碰到富翁,见他不太忙,便说:"好邻居,我多么羡慕你,一天到晚不停地赚钱。"富翁便开玩笑说:"咱们换换,你来过我这种生活试试。"裁缝高兴极了,迫不及待地要求马上就换。

第二天晚上,裁缝发现自己的院里有一个小口袋。他打开后发现里面是一捆捆的钱。他不明白怎么回事,后来又想,在自己家捡到的,花起来也名正言顺。惊喜之余,便和老婆赶紧将小口袋搬进屋里。

老婆说:"用它买田置地吧!"

裁缝回答:"不行,一下子置这么大的家业,容易引起别人怀疑。我想雇几个人,先开个服装厂。"

老婆说："现在羊毛很值钱，买地养羊才划算。"

最后，裁缝的孩子和父母也加入进来，发表自己的意见，一家人对这笔钱该如何开支争吵不休。不得已，裁缝便把钱先交给妻子，让她保管起来。得到钱的欲望是满足了，但怎么花钱的烦恼却像绳子一样缠绕着裁缝。这天晚上，他也无心去湖边散心了，全家人的欢乐自此也消失得无影无踪。

过了一个星期，他又来找富翁诉苦。他双眼又红又肿，精神更加不振了。富翁听后，笑着对裁缝说："你为什么总是一个欲望接一个欲望，永不满足，没完没了地折磨自己！这下，不会再想跟我换一种生活了吧。"

裁缝恍然大悟，原来是太多的欲望把自己锁住了，于是放弃了之前种种欲念。从此以后，裁缝家里平静下来。每天晚上，又响起了愉快的歌声和爽朗、欢快的笑声。

其实，能否轻松而自在地生活，完全取决于一个人的生活态度。面对生活中的种种欲望，如果无法自我开解，反而被种种欲望所束缚，就不可能拥有轻松的生活。唯有学会放下过多的欲望，才能轻装前进。所以，尝试着放下生活中的欲望，别再抱怨生活的繁琐，尽情地享受一下轻松舒适的生活吧。

过去不等于未来

"过去不等于未来",包含了两层意思:第一层,当我们失败时,我们要想到"过去不等于未来"。陈安之说:"成功不是你跌倒了多少次,而是你最后一次有没有办法站起来。"第二层,当我们成功时,我们也要想到"过去不等于未来"。冠军不可能永远是冠军,冠军既要有自己的实力,还要有机遇。我们能做的就是加强自己的实力,保证在机遇来临时能牢牢地把握住它。因此,我们要勇于放下过去,对未来充满自信。过去不行不等于今天不行,今天不行不等于未来不行!只要你能够找到正确的方法并持之以恒地付诸实践,成功一定会属于你!

1920年,美国田纳西州一个小镇上,有个小姑娘出生了。她的妈妈只给她取了个小名,叫芳娜。芳娜渐渐懂事后,发现自己与其他的孩子不一样:她没有爸爸,是私生子。人们歧视她,小伙伴们都不跟她玩。她不知道为什么。她虽然是无辜的,但世俗却是严酷的。

上学后,歧视并未减少,老师和同学仍以那种冰冷、鄙夷的眼光看她:这是一个没有父亲、没有教养的孩子。于是,她变得越来越懦弱,开始封闭自我,逃避现实,不与人接触。芳娜最害怕的事情就是与妈妈一起到镇上的集市。她总能感到人们在背后指指点点,窃窃私语:"就是她,那个没有父亲、没有教养的孩子！"

芳娜13岁那年，镇上来了一个牧师。芳娜听大人说，这个牧师非常好。她非常羡慕别的孩子一到礼拜天，便跟着自己的父母手牵手地走进教堂。她曾经多少次躲在远处，看着镇上的人们兴高采烈地从教堂里出来。她只能通过教堂庄严神圣的钟声和人们面部的神情，想象教堂里是什么样子，以及里面发生的一切。

有一天，她终于鼓起勇气，待人们走进教堂后，偷偷溜进去，躲在后排倾听——牧师正在演讲：

"过去不等于未来。过去成功了，并不代表未来还会成功；过去失败了，也不代表未来就要失败。因为过去的成功和失败，只是代表过去，未来是靠现在决定的。现在干什么，选择什么，就决定了未来是什么！失败的人不要气馁，成功的人不要骄傲。成功和失败都不是最终的结果，它只是人生过程的一个事件。因此，这个世界上不会有永远成功的人，也不会有永远失败的人！"

芳娜被深深地震动了，她感到一股暖流冲击着她冷漠、孤寂的心灵。但她马上提醒自己：得赶快离开了，趁同学们、大人们未发现自己，马上离开。

第一次听过后，就有了第二次、第三次、第四次、第五次冒险……但每次都是偷听几句话就快速消失掉。因为她懦弱、胆怯、自卑，她认为自己没有资格进教堂。她和别人不一样。

终于有一次，芳娜听得入迷了，忘记了时间，直到教堂的钟声敲响才猛然惊醒，但已经来不及了。率先离开的人们堵住了她出逃的去路。她只得低头尾随人群，慢慢移动。突然，一只手搭在她的肩上，她惊慌地顺着这只手臂望上去，正是牧师。

"你是谁家的孩子？"牧师温和地问道。

这句话是她十多年来，最最害怕听到的。它仿佛是一只通红的烙铁，直刺芳娜的心上。

人们停止了走动，几百双惊愕的眼睛一齐注视着芳娜。教堂里静得连根针掉在地上都听得见。

芳娜完全惊呆了，她不知所措，眼里含着泪水。

这个时候，牧师脸上浮现出慈祥的笑容，说："噢……知道了，我知道你是谁家的孩子……你是上帝的孩子"然后，抚摸着芳娜的头发说："这里所有的人和你一样，都是上帝的孩子！过去不等于未来……不论你过去怎样不幸，这都不重要。重要的是你必须对未来充满希望。现在就做决定，做你想做的人。孩子，人生最重要的不是你从哪里来，而是你要到哪里去，只要你对未来保持希望，你就会充满力量。无论你过去怎样，那都已经过去了。只要你调整自己的心态，明确目标，乐观积极地去行动，那么成功就是你的！"

牧师话音刚落，教堂里顿时爆出热烈的掌声——没有人说一句话，掌声就是理解，是歉意，是承认，是欢迎！整整13年了，压抑心灵的寒冰，被"博爱"瞬间溶化了……芳娜终于抑制不住，眼泪夺眶而出。

从此，芳娜的一生改变了……在40岁那年，芳娜当上了田纳西州州长，之后，弃政从商，成为世界500家最大企业之一的公司总裁，成为全球赫赫有名的成功人物。67岁时，她出版了自己的回忆录《攀越巅峰》。在书的扉页上，她写下了这句话：过去不等于未来！

人生不可能一帆风顺，因此，生活中平凡的你我不能因为偶尔的失败就放弃了努力，从此心灰意冷，人生一蹶不振。过去没有成功不代表未来不行，关键是我们不要放弃，应该对自己原来遇到的挫折进行必要的分析和总结，为什么我会失败，而有的人却成功了，这里一定有原因：是否原来采取的方法有问题，是否缺少自我监督和激励等。这才是正确的态度！

"过去不等于未来！"，每个人都有选择自己生活方式的权利，我们现在完全可以选择一种积极的崭新的生活方式，我们可以选择自尊、自信、自爱、自强。

我们每个人都守着一扇自由开启的"改变之门"，除了自己，没有人能为你找到，只要你愿意敞开心灵，抛却旧的观念，将良好准则化为习惯，改变就尽在你的掌握之中。从现在开始，重新探索自我，由里而外全面造就一个崭新的自我！

过去的就让它过去

当事情发生时，我们总习惯这么说"假如当初"：假如当初我早点送他到医院，也许他就不会；早知道到我们分开后会变这样，我当初就不该；要知道结果会这样，当初就不该听你的话；当时我若听你的建议，就好了——我们常会叹息过去的某个时刻，为什么不做另一个选择。

其实，"假如当初"这种想法一开始就是个错误，因为，凡事没有绝对的对或错。假如我们选择了一条路，就无法确定如果选另一条路的结果会如何。假如当初我们做的是另外一个决定，那样或许就会更好吗？不，没有什么是绝对正确的。

过去的就让它过去，我们的心承载不了太多的过去。不管是痛苦还是辉煌。

有一个人，在他23岁时被人陷害，在监狱里呆了9年。后来冤案告破，他开始了常年如一日地反复控诉和咒骂："我真不幸，在最年轻有为的时候遭受冤屈，在监狱里度过本应最美好的时光。那简直不是人呆的地方，狭窄得连转身都困难，窄小的窗口里几乎看不到阳光，冬天寒冷难忍，夏天蚊虫叮咬，真不明白上帝为什么不惩罚那个陷害我的家伙，即使将他千刀万剐也难解我心头之恨啊！"

73岁那年，在贫困交加中，他终于卧床不起。弥留之际，牧师来到他的床边，"可怜的人，去天堂之前，忏悔你在人世间的一切罪恶吧！"病床上的他依然对往事怀恨在心、耿耿于怀："我没有什么需要忏悔的，我需要的是诅咒，诅咒那些施于我不幸命运的人。"牧师问："你因受冤屈在牢房里呆了多少年？"他恶狠狠地将数字告诉牧师。

牧师长长叹了一口气："可怜的人，你真是世界上最不幸的人，对你的不幸我感到万分同情和悲痛。他人囚禁了你9年，而当你走出监狱本应获取永久自由时，你却用心底的仇恨、抱怨、诅咒囚禁了自己整整41年。"

在漫长的人生道路上，有着太多的酸甜苦辣、太多的喜怒哀乐以及悲欢离合，过去的已经过去，如果我们把这一切包袱都背在身上，走得岂不太累？还怎能去体会人生其他乐趣呢？如果往事不堪回首，还硬去回首，烦恼岂不是如影随形？

泰戈尔说过："当你为错过太阳而流泪时，你也将错过群星。"何必为追不回来的东西而流泪呢？眼下最重要的是抓住现在的机遇，让它开出成功而绚丽的花朵。忘记过去的成功与失败，给自己一个全新的开始，我们便会从未来的朝阳里看见另一处成功的契机。

有个泰国企业家，他把所有的积蓄和银行贷款全部投资在曼谷郊外备有高尔夫球场的15幢别墅里。但没想到，别墅刚刚盖好时，时运不济的他却遇上了亚洲金融风暴，别墅一间也没有卖出去，连贷款也无法还清。企业家只好眼睁睁地看着别墅被银行查封拍卖，甚至连自己安身的居所也被拿去抵押还债了。

情绪低落的企业家，完全失去斗志，他怎么也没料到，从未失手过的自己，居然会陷入如此困境。他承受不起此番沉重打击，在他眼里，只能看到现在的失败，更不能忘记以前所拥有过的辉煌。

有一天，吃早餐时，他觉得太太做的三明治味道非常不错，忽然，他灵光一闪，与其这样落魄下去，不如振作起来，从卖三明治重新开始。

当他向太太提议从头开始时，太太也非常支持，还建议丈夫要亲自到街上叫卖。企业家经过一番思索，终于下定决心行动。从此，在曼谷的街头，每天早上大家都会看见一个头戴小白帽，胸前挂着售货箱的小贩，沿街叫卖三明治。

"一个昔日的亿万富翁，今日沿街叫卖三明治"的消息，很快地传播开来，购买三明治的人也越来越多。这些人中有的是出于好奇，也有的是因为同情，更多人是因为三明治的独特口味，慕名而来。

从此，三明治的生意越做越大，企业家很快地走出了人生困境。

他之所以能失而复得一个如此明媚的今天，是因为曾经的失败向他挑战现在和未来时，他没忘记先将身上的灰尘拍落，然后再轻轻松松地与之应战。

这个企业家叫施利华，几年来他以不屈不挠的奋斗精神，获得泰国人民的尊重，后来更被评为"泰国十大杰出企业家"之首。

人是容易怀旧也喜欢怀旧的动物，对美好的东西是这样，对不美好的经历也是如此。只要是对于曾经给予过自己欢乐和痛苦的事物，就都念念不忘，迟迟不肯放手。但过去的事情就让它过去，应当从记忆中抹去一切使我们消沉、痛苦的事情，只有把这些放下了、忘记了，我们才能重新开始一种人生，所以，对于那些不幸的经历，唯一值得去做的，就是彻底将它们埋葬。

不要让过去捆绑了你的手脚

人生要学会做减法：减去心灵的包袱、减去奢侈的欲望、减去没有价值的身外之物。生活总会带给我们太多的压力和负能量的东西，这些都需要我们及时抛开摒弃。过去的就让它随风而去吧，不要让过去的一切成为一种枷锁，毕竟，我们要的是现在和未来。

每个人的经历都可以写成一本书，凯德也如此。毕业以后，他打过工，做过外贸单证员、外销员、核销员、报关员、船务操作员、外贸经理、副总经理，自己开过公司，现在和朋友合作办工厂。谈起从前的人生经历，凯德说："一言难尽，比较复杂。"

先加州，后德州，最后又回到加州，来回的辗转并没有因为工作地点的变更而终止。"以后可能会再出来开公司。"凯德这样表白自己的真实心迹时，显然已经对电子商务的"线上"情况了解通透，且如鱼得水。

2003年，凯德来到阿波罗运动休闲用品有限公司。在简陋的办公室里，他和总经理为企业制定了一个颇为宏伟的目标——公司上市。随后，他们凭借电子商务平台在当年做到了500万美元的年销售额。2004年，阿波罗公司年销售额实现了10倍的飞速增长，其中，网络贸易获得的收益占总销售额的95%。凯德笑着说："这一年的经历让我向真正的网商迈进了一步。"

伟大的思想来自于艰辛的历程。走在电子商务路上，凯德以一种孤独的潜水式的姿态，为自己进行了一场接一场的"头脑风暴"，将过去的个人经验以理论的形式固定下来，转化为有益于大众的公共版本。无论是固体销售模式、液体销售模式还是气体销售模式，对网商们的业务拓展都极具现实指导意义。

在日常的公司管理中，凯德坚决做到人与人之间百分之百的信任，而且所有的日常指令均靠电话操作完成，用任务单来分配工作，程序与执行都已经形成了秩序。这对那些因为在线时间长而影响了线下有效开展工作的网商来说，大有受用不尽的学习之处。

成功从来不是从天上掉下来的，凯德今天的成就也是不停"点击"出来的。接触网络伊始，凯德主要是收集一些贸易咨询，了解国外市场的动态和国内市场的产业结构。"那时候的速度很慢，工厂回复电话和信件需要好几天。没有专人来答复，也没有专业的人来解决问题。那时候做网络销售比较困难，不像今天，网络销售已经是大多数公司公认的快速销售方式。"

时至今日，就在大家公认凯德已经是一位十分成功的网络商人时，他依旧认为一切的一切只代表过去，未来唯有倾心而行。

人生就是如此。短短的几十年，往往会让我们经历各种磨难和痛苦。也许只有这样，才能让人体会到什么是幸福。其实，没有人会永远一帆风顺，也没有人会永远地遭遇失败。只要努力奋斗了，就一定会有好的结果。不经历风雨怎能见彩虹，只有不断追求和努力拼搏的人，才能获得最后的成功，因为只有他们能够领悟到成功来之不易的艰辛。

其实，当我们每天在收获着成功喜悦的时候，每天又面临着新的希望的时候，我们才真的发现，原来一切辉煌只代表过去，未来永远是空白。我们在不断地自我否定中自我超越，在不断地自己打倒自己，是为了不被人打倒。我们执着拼搏，我们不畏艰险，我们在不断的胜败中从优秀走向卓越。

学会度过昨天的黑夜，才能迎接新一天的光明。只有摆脱过去沉重的枷锁，你才能轻松走好现在的每一步。每个人都要学会把过去的辉煌、平庸、失败、成功，伤心、快乐忘记，毕竟那一切只代表过去，让过去的那些日子留在记忆里吧，而我们要面对的毕竟是美好的未来。

　　曾经让你高兴和悲伤的过去都只是你的人生经历，就把它当成你美好的回忆吧！而我们更重要的事情是要创造我们未来的辉煌。如果沉浸在过去的阴影或回忆的辉煌里而不能自拔，那么你的未来或许只将停留在过去的黑夜里。我们要学会在失败的痛苦中吸取教训，在成功的喜悦中总结经验，在一次次的磨练中我们会更加坚强、更加勇敢，迎接未来更加精彩的人生！

人生是条单行道，没有回头路

　　人生始终是条单行道，这条路上，或者有风雨荆棘，或者有坎坷艰辛，但是只要活着，就要相信未来还有希望，就一定不要放弃，这就是生命。已经发生过的是无法改变的事实，哪怕只是刚过了一分钟。唯有去勇敢地面对它，冷静地分析过去的失误和原因，吸取有用的教训，重新投入到新的事情中去，才能避免再出现类似的错误。愚者会为过去的错误而烦恼，并长时间地陷入其中不能自拔，但是于事无补，除了增加精神上的痛苦之外，毫无意义可言，因为世界上没有医治后悔的灵丹妙药。

　　事业刚起步时，卡耐基在密苏里州举办了一个成年人教育班，并且在各大城市陆续开设了分部。由于财务管理上的欠缺，他的收入刚够支出，一连数月的辛苦劳动竟然没有什么回报。他花了很多钱用于广告宣传，同时，房租、日常办公等开销也很大，尽管收入不少，但过了一段时间后，他发现自己连一分钱都没有赚到。

　　卡耐基不断抱怨自己的疏忽大意。这种状态持续了很长一段时间，他一直很苦恼，整日里闷闷不乐，神情恍惚，眼看刚开始的事业将无法继续下去。后来，卡耐基去找中学时的心理老师保罗·布兰德威尔博士。老师问他是否还记得他在上中学时，老师给他说过的"不要为打翻的牛奶哭泣"那句话。聪明人一点就透，听了老师的这句话，卡耐基恍然大悟，马上回忆起上中学时的那件往事，于是精神大振，心中的苦恼消失得无影无踪。

在他上中学的第一堂心理卫生课上，老师保罗·布兰德威尔博士把一瓶牛奶放在桌子边上。他们都坐了下来，望着那瓶牛奶。然后，保罗·布兰德威尔博士突然站了起来，一掌把那瓶牛奶打翻在水槽里，同时大声叫道："不要为打翻的牛奶而哭泣！"

接下来他叫学生们都到水槽边去，好好地看一看那瓶打翻的牛奶。他告诉学生们："好好地看一看，因为我要你们这一辈子都记住这一课，这瓶牛奶已经没有了——你们可以看到它都漏光了，无论你们如何抱怨，如何着急，都不可能再救回一滴。只要先动一下脑子，先加以预防，那瓶牛奶就可以保住，可是现在已经太迟了。现在我们所能做的只能是把它忘掉，注意下一件事情。"

综上所述，对于无法挽回的错误，要学会忘记，千万不要后悔、埋怨、消沉，这样不但不会挽回错误，反而会阻碍你前进的步伐。永远不要为打翻的牛奶哭泣，要知道被打翻的牛奶永远不可能再装回瓶中，我们最重要的是不断总结教训，避免再犯同类错误，调整心态迎接未来。

或许你认为"忘记过去"说着容易做着难。的确如此，但你不能不承认，你永远没法改变一秒钟之前所发生的一切事情，但你可以改变一秒钟后事情产生的后果。是喜是悲其实完全取决于你的心态，一定要以平静的态度分析过去，学会忘记失败的遗憾，收获成功的经验。

一位前重量级拳王谈到失败时说："比赛的时候，我忽然感到自己似乎老了许多。打到第十回合，我的面部肿了起来，浑身伤痕累累，两只眼睛疼得几乎睁不开，只是没有倒下罢了。我模糊地看见裁判员高举起对方的右手，宣布他获得比赛的胜利。我不再是拳王了。我伤心地穿过人群走向更衣室，有人想和我握手，有人则含着眼泪失望地凝视着我。一年以后再度与对手交战，我又败了。要我完完全全不想这件事，实在是太困难、太痛苦了。但我仍对自己说，从今以后，我不必活在过去。我一定要勇敢地面对这一现实，承受住打击，决不能让失败打倒我。"

这位前重量级拳王实现了他的诺言。他承认了失败的事实，跳出了烦恼的深渊，努力忘掉一切，集中精神筹划未来。他的成就是经营比赛、宣传和展览。他使自己忙于具有建设性的工作，没有时间为过去烦恼，这使他感到现在的生活比当拳王时的生活还要快乐。他在不知不觉之中实践着莎士比亚的一句名言："聪明人永远不会坐在那里为他们的损失而哀叹，却情愿去寻找办法来弥补他们的损失。"

所以，不必忧虑和悲伤，也不必流眼泪。西班牙著名作家塞万提斯有句名言："对于过去不幸的记忆，构成了新的不幸。"对过去的错误，有机会补救，就尽力补救，没有机会补救，就坚决将其丢到一边，不要陷在过去失败的泥沼里，越陷越深，无力自拔。

扪心自问，人生的许多烦恼常起因于自己同自己过不去。人非圣贤，孰能无过？如果有了一点过错、挫折、烦恼，就终日沉陷在无尽的自责、哀怨、痛悔之中难以自拔，那么，其人生境况就会像泰戈尔所说的那样，不仅失去了正午的太阳，还失去了夜晚的群星。因此，我们应该像智者那样"不为打翻的牛奶而哭泣"，快乐地生活，愉快地工作。不要拿"失败来惩罚自己"，只有愚者才会那样做。

生活有自己的进程，事情的变化有时很难笼统地说是好是坏，自寻烦恼显然毫无价值。为了避免一味责怪自己，减轻烦恼情绪，我们应该想到，自己的能力毕竟有限，虽经努力，也只能达到这个程度；纵然奋斗，一时也难以完全改观。同时，还要懂得社会和人生变化的辩证关系，懂得万事称心如意是不大可能的道理。但只要不懈努力，出路总是有的。

把昨天都"归零"

时钟每到子夜，都会归零，宣告新的一天的到来。人生也像时钟一样，也应该经常归零。归零，是一种思维方式，也是一种心态，它要求我们脚踏实地，认真做好自己的工作，不好高骛远，不沉迷过去的业绩，不断调整和革新来适应未来的挑战。学会"归零"，才能持久保持不减的激情，才能时时跃升。在人生路上，如果你能保持归零心态，经常反思自我，那么你就能在各种环境中发展自我、成就自我，甚至超越自我。放弃以往成绩，一切重新开始，努力去发现一个全新的、不一样的你。

有一位硕士看到了一家星级酒店正在招聘大堂服务员，招聘条件只需高中学历，于是他就以高中学历前去应聘，并成为了酒店的一名正式员工。他很快就适应了环境，学会了处理突发事件，并能妥善应对。基于他的素质，他受到了领导的表扬。更为难得是，在平时工作中，他还善于观察和积累，对酒店的管理提出了一些很有见地的意见。这一下子更加引起了领导的注意。后来，领导决定提拔他进入管理层，不过考虑到他学历太低，所以还在犹豫。此时，这个硕士拿出了自己的本科学历证书。于是，领导打消了之前的顾虑，直接提拔他当了大堂经理。

上任之后，他继续努力工作，干得更加出色了。很快，他良好的个人素质和工作能力就引起了酒店高级管理层关注，有意提拔他为酒店总经理助理。此时，他又拿出了自己的硕士学历证书，当上了总经理助理，从此跻身酒店高级管理者的行列。

这种做法正是"归零"心态的一种体现。现在，很多人都把注意力放在高处，殊不知，眼光盯在高处，没有足够的实力，是无法成功的。即便是勉强得到了，也不一定能够做出成绩来。要将自己放在零起点，之后一步步做起，才能慢慢地走向更高的位置。

一个人今天取得的成就在于昨天的努力，但是我们不能忘记人总是朝前走的，每走一步，所遇到的情形都与过去有很大的差别，所以需要你认真思考未来的方向。虽然过去的成功可以给我们增强自信心，但是很多时候我们却只是在困苦面前怀念着过去的成功，这往往容易导致自高、自大、自满，这样就很难有一个好的心态去解决当前的难题。所以在将过去的坎坷归零的同时，也要将过去的成功归零。

吉布森在大学期间不仅学习成绩优秀，年年拿奖学金，还做过学生会主席，人格魅力以及组织能力都非常不错。

大学毕业后，他去了德克萨斯州的一家著名的公司工作。在新的环境中，他的目标很简单，就是努力做到跟大学的时候同样出色。吉布森从公司最基本的事情开始做起，每天第一个到办公室，包揽了所有的公共事务。遇到加班加点的时候，他也没有丝毫怨言。第一年年终，领导见他表现不错，于是就给他涨了工资。不过，不久之后，吉布森感到了一丝不开心，因为领导给他涨的工资并不是所有年轻员工中最高的。

第二年年终升职时，虽然他也名列其中，但最终却没有被提升为副主管，公司提拔了一个大学期间并不怎么优异的大学生。对此，吉布森很不满意，因为和他同来公司的另外一个大学生现在已经是部门经理了。他觉得在公司的这两年并没有什么进步，反而退步了不少。苦恼的吉布森将这一切告诉了父亲。做了一辈子记者的父亲给他回了一封信，信中说："我曾经采访过一位马拉松冠军，我问他在到达终点前心里往往都在想什么。他回答我说，在临近终点前，他什么都不敢想，只是拼命忘记自己曾经跑过的路，一步一步地继续朝着终点跑去。亲爱的孩子，你之所以不开心，原因是曾经获得的荣誉太多了，它们给你带来了无形的压力，你始终无法摆脱它们的影响。孩子，其实你已经非常优秀了。但一个人如果真想获得更大的成功，就必须明白人生就和马拉松长跑一样，只有忘记从前跑过的路，才能用更矫健的步伐不断前进。"

人总是容易回忆起过去，并被过去的那些经历所羁绊，而这些会对心理产生各种各样影响。不能忘记过去成功和荣耀的人，无法真正看清此时的自己。在生活中，我们有必要倾听过去、学习过去，但不要停留在过去。

如果你房间里的东西太多、太乱，就会给人不舒服的感觉。同样，在你的心里，如果乱七八糟的东西多了，心里自然会很压抑。所以，你要及时清理，将它们都"归零"。"归零"是人生的一种佳境。当我们大步走入这种人生佳境时，你肯定会惊喜于自己的轻松、潇洒。

把该放下的都放下

许多事情，总是在经历过以后才会懂得。比如感情，痛过了，才会懂得如何保护自己；傻过了，才会懂得适时的坚持与放弃。在得到与失去中我们慢慢地认识到自己。其实，生活并不需要这么无谓的执着，没有什么真的不能割舍。学会放下该放下的，生活会更容易。

有一副对联说：舞台小世界，世界大舞台。特别是工作职场，更是不断上演着一幕幕悲喜剧。上了职场这个"舞台"，你不仅要一举一动中规中矩，把自己的角色演好，同时也要调整心态，分清台上台下与戏里戏外，这样方能从容走好你的每一步。

人的成长，不在于有无得失，而在于学习如何有得有失。聪明的人从不担心失去什么，而会思考应该得到什么；愚笨的人则只惶惶于失去一丁点儿东西，而不曾思考自己真正要的是什么。16世纪法国的一位大思想家说过这样一句话："什么都来一点儿的人，什么都得不到。"

拍出《一一》等获得多个国际大奖的影片的台湾著名导演杨德昌在2007年因病不治身亡之后，他的两任妻子各自写了一封信。

蔡琴的信的标题是《就让他活在我的歌里吧》，信中说："杨德昌就这么走了……这个时候，说什么也说不清楚我的五味杂陈！回想当初，当我确知彭铠立和他的恋情，到决定当机立断成全他们，再到办完离婚手续，甚至今天他去世……我深深地感谢上帝，让我与他轰轰烈烈地爱过……细数他一生共完成了八部电影，在我们生命联集的十年里，我竟见证了一半……作为一个女人，他给我的寂寞多过甜蜜。作为一个观众，我们痛失一个锐利的记录者。时间会给他所有作品一个公道！至于我们所有过往的点滴，我自己品尝，就当作我活着时永远的秘密，随着他的逝去与世长辞。"

彭铠立的手书标题是《杨德昌的最后七年》，写的是："杨德昌导演已于6月29日下午一时半于洛杉矶比华利山的家中辞世。2000年5月最后一部作品《一一》于戛纳获大奖之后，杨导演即被诊断出零期之大肠癌。7月旋即决定开刀，9月儿子出世。短暂休养之后，在2001年于戛纳当评审之际决定下一部电影为剧情动画片之目标。……6月25日开始略显昏迷，仍紧握铅笔画簿，呈现的画已出现超现实的影像如众人抢搭火车之景……6月29日下午一时半于比华利山家中，于妻子相伴之下，安宁辞世。"

蔡琴文如其人，人如其歌，一封告别信写得意犹未尽，感情充沛。彭铠立则是近乎平淡地描写了和杨德昌导演共度的岁月以及他最后的时光，克制而理性。

无疑，两位女性都是杰出的。一个是歌坛常青树，一个则是名导心心念念着的贤妻良母。

蔡琴和杨德昌的十年婚姻结束之时，他们十年的柏拉图婚姻曾让无数人惊讶不已。个中原因和感受只有当事人才能确切知道。但是从这些只言片语中，我们不难看到，那段婚姻留给蔡琴最深刻的记忆依然是寂寞多过甜蜜，最后是因为她的"舍"才成全了杨德昌和彭铠立的"得"。而她的"舍"中又带着那么多的不舍和不甘。彭铠立则并没有因为"得"而多么喜形于色，并不张扬，从容而自然。大概也是因为最后的岁月是她和杨德昌共同度过，所以不遗憾。

从这两封信中可以看到的是蔡琴的"舍"并没有真舍，而彭铠立则是真的以"得"的姿态去面对了。

面对纷繁复杂的世界，懂得放下的人，就会用乐观、豁达的心态去对待没有得到的东西，他们每天都会有快乐和愉悦的心情；而不懂得放下的人，只会焦头烂额地乱冲乱撞，他们不但最终达不到目标，而且每天都会陷于得失的苦恼之中。

也许放下当时是痛苦的，甚至是无奈的选择。但是若干年后，当我们回首那段往事时，我们会为当时正确的选择感到自豪，感到无愧于社会、无愧于人生。

不要永远背着过去的包袱，放下它。佛家常说："人生最大的幸福是放得下。"一个人拿得起是一种勇气，放得下是一种度量。对于人生道路上的鲜花与掌声，有处世经验的人大都能等闲视之，屡经风雨的人更有自知之明。但对于坎坷与泥泞，能以平常心视之，就非易事。大的挫折与大的灾难，能不为之所动，能坦然承受，这就是一种度量。佛家以大肚能容天下之事为乐事，这便是一种极高的境界。既来之，则安之，这是一种超脱，但这种超脱又需要多年磨练才能养成。拿得起，实为可贵；放得下，才是做人的真谛。

张瑜是一位著名的电影演员，在她最辉煌的时刻，毅然放弃事业，选择了出国学习，令许多圈内人士大为惊讶。有一次，一位记者就此事采访了回国不久的张瑜，请她谈谈当初这种选择背后的真实想法。

记者：当年为什么不去好莱坞发展？

张瑜：当时在美国的时候我很希望能把书念好，这是我很大的一个愿望，因为为了拍戏我从初中就离开了学校。

记者：所以当初就选择了出国？很多人说到您当年出国的事情都觉得特别奇怪，因为那是您最风光的时候，却放弃了事业。

张瑜：其实没什么好奇怪的，可能这与我生来就比较能拿得起放得下有关吧。我看到过一篇文章上说：手里拿着一个硬币，把手掌朝下松开，硬币掉了，这是一种放下的方法；另外一种方法是手里同样拿一个硬币，手掌向上放开，硬币还在手掌里，但是人也轻松了，意思就是很多时候其实拿起和放下是同时的事情。这就是说在一个很宽松的心态中去生活，这应该是一种比较正确的人生态度。

记者：现在回头看看当初的选择，您认为有没有后悔的地方？

张瑜：要说后悔呢，可能就是把自己最好的表演时段给放弃了。不过人是不能患得患失的。人的一生永远是在一种不自觉的选择中的，选择了这个，自然就放弃了那个。从这个角度说就没什么好后悔的，我也不可能让我的人生重来一次。

其实，只要人活着，生活还是生活，每一天都是我们要闯过去的河，如果你仇恨失败，你就会在仇恨中后悔一生。生活中，你自己除了会被自己打败，别人永远击不垮你。人生下来就有一副铮铮铁骨，只是有的人被人生中的困难磨平压垮，有的人则炼就得更加坚韧挺拔。如果我们能调整好心态，能把自己的人生视如一个奋斗不息、勇往直前的过程，我们就会对生活充满希望。这就要做到：拿得起，放得下。

人的一生，需要放下的东西很多。孟子说："鱼与熊掌不可兼得。"如果不是我们应该拥有的，就抛弃掉。几十年的人生旅途，会有山山水水、风风雨雨，有所得必然有所失，只有放下，才能拥有一份成熟，才会活得更加充实、坦然和轻松。

放下仇恨，才能拥抱快乐

仇恨，是一匹脱缰的野马，它出现时，如果我们听之任之，由它撒野放狂，就会弄得自己遍体鳞伤。其实，对待仇恨，我们是不是可以算一笔成本和收益账？成本巨大、耗费空前而且它还会伤害我们自己，与其如此，我们为何不放弃呢？

人和人之间难免有碰撞、摩擦、矛盾，或许对方根本就是无意，或许对方有难言之隐，退一步天地宽，不妨试着置之一笑，给别人也给自己一次机会，也许会有意想不到的收获。原谅别人需要有自我牺牲的精神，有高远宽阔的胸怀，吃亏并不代表软弱可欺，因为原谅远远比报复好！我们应该学会原谅，多原谅别人一点，多宽容别人一点，我们才会更快乐地生活。

希腊神话中有一位英雄叫海格力斯，他力大无穷，可以搬山，也可以填海，打遍天下也找不到一个能和自己匹敌的对手。

有一天，海格力斯因为追击敌人而走到了一条崎岖、狭窄的山道上，在他就要追到对手的时候，那个狡猾而阴险的对手忽然丢下一个袋子挡在海格力斯前进的路上。海格力斯十分恼怒，他不屑地喊："连山我也能一脚踢翻，何况你这个破袋子，收起你的伎俩吧！"海格力斯边喊，边飞起一脚狠狠踢在那个袋子上，但令海格力斯吃惊的是，自己狠狠的一脚不仅未把那个袋子踢飞，反而袋子变得比刚才更大了。

恼怒万分的海格力斯又狠狠飞起一脚踢在袋子上，那袋子不但纹丝不动，而且又大了不少，甚至把海格力斯的道路一下子堵死了。海格力斯怒火万丈，他弯腰拔下身边的一棵大树，举起大树狠狠地砸向那可恶的袋子，但无论他多么用力，那袋子却始终完好无损，只是随着海格力斯一次又一次地狠砸，那个袋子变得越来越大，刚才还是一个微不足道的袋子，眨眼间却变得比山还大，甚至连大地和天空也要盛不下它了，而且，海格力斯砸一次，袋子里总有个人洋洋得意地讥笑海格力斯说："你这个笨熊，你砸呀，你砸呀，再过一会儿，我不费吹灰之力就足可压死你！"

海格力斯已经累得精疲力竭了，但那越来越大的袋子却依旧完好无损，而且变得越来越硬、越来越坚固。正在海格力斯束手无策的时候，从树林里走出了一个白发苍苍的圣人，圣人喊道："英雄，请千万别踢、别砸这个袋子了，要不，它一定会将天胀塌的，请马上住手！"

海格力斯大吃一惊，他不知道这么一个破袋子为什么竟有如此巨大的魔力。圣人告诉海格力斯说："这个袋子叫仇恨袋，魔力无穷。如果你犯它，心里老记着它，它就会越来越膨胀，甚至可能将世界毁灭；如果你不理睬它，对它熟视无睹，那么它就会小如当初，连一点点的魔力也没有。"

拂去我们心中的仇恨，让我们的心灵多一分宽容，那么，我们人生的路上就会减少很多像"仇恨袋"一样膨胀起来的高山，我们就能拥有更多的平坦和阳光。假若一个人心里总是装满仇恨的火药，它可能不会炸毁别人，最容易毁灭的恰恰将会是他自己。

记着曾经的仇恨，不去原谅别人就等于不原谅自己，怀有仇恨和报复的心理，永远不会生活得轻松。要学会用一颗宽容的心去原谅别人。在你原谅别人的时候，同时也就释放了你自己。如果对这个世间的冷漠感到寒心，那就由自己去发出一点点光热吧，在温暖别人的时候自己同样也会感到快乐。你会感觉海阔天空、心旷神怡，没有必要用别人的错误来惩罚你自己！圣人感慨说："心中盛满仇恨，是一个人毁灭自己和毁灭世界的最大祸根啊！"

有一位名叫卡尔的卖砖商人，因为另外一个强有力的竞争对手陷入了困境之中。对方定期造访他经销区域内的建筑师与承包商，并告诉他们：卡尔的公司不可靠，他的砖质量不好，生意也即将面临歇业的危险。虽然卡尔对别人解释说他并不认为对手会严重伤害到他的生意。但是这件莫名其妙的麻烦事使他心中生出无名之火，真想"用一块砖来敲碎那人肥胖的脑袋作为发泄"。

"有一个星期天早晨，"卡尔说，"牧师讲道时的主题是要施恩给那些故意为难你的人。我就把在上个星期五，我的竞争者使我们失去了一份订单的事跟牧师说了。但是，牧师却教我们要以德报怨，化敌为友，而且他举了很多例子来证明他的理论。当天下午，我在安排下周日程表时，发现住在弗吉尼亚州的我的一位顾客，正因为盖一间办公大楼需要一批砖，对方所指定的砖型号并不是我们公司制造供应的，而与我竞争对手出售的产品很类似。同时，我也确定那位满嘴胡言的竞争者完全不知道有这笔生意机会。"

这使卡尔感到为难，是遵从牧师的忠告，告诉对手这个生意的机会，还是按自己的意思去做，让对方永远也得不到这笔生意？那么到底该怎样呢？卡尔的内心斗争了一段时间，牧师的忠告一直萦绕在他心田。最后，也许是因为很想证实牧师是错的，他拿起电话拨到竞争对手家里。

接电话的人正是那个对手本人，当时他拿着电话，难堪得一句话也说不出来。卡尔还是礼貌地直接告诉他有关弗吉尼亚州的那笔生意，结果，那个对手很是感激卡尔。卡尔说："我得到了惊人的结果，他不但停止散布有关我的谣言，而且甚至还把他无法处理的一些生意转给我做。"卡尔的心里也比以前感到好多了，他与对手之间的误解也获得了澄清。

以德报怨，化敌为友，是面对那些终日想要让你产生难堪的人所能采取的上上策。假如一个人想要赢得另一个人的信任和坦诚，就一定要学会吃亏。在这个世界上，没有人会喜欢爱占便宜的人，但很多人都会喜欢爱吃亏的人。因此，我们一定要记得，不管是在做什么事，当你想着以吃亏的心态来面对的时候，你就已经赢了别人；而那个懂得以更大的吃亏方式来回报你的人，就是一个绝对值得真心对待的朋友。

如果人们任由仇恨滋生，它就会像雪球一样越滚越大，最终会把人压得透不过气来。用宽容豁达去化解仇恨，才能让心灵跳出狭隘的羁绊，生命也将因此变得豁然开朗、五彩斑斓。不让仇恨在我们的心灵占一席之地，这是我们生命平安和人生幸福的永恒秘诀。

第六章
淡定——不急不躁安心度日

生活中，不免有许多纷纷扰扰、乱人心头的事情，我们要保持一颗平和的心，用一份淡定来化解这些纷扰的事情。凡事学会用淡定的心看待，我们就会发现一切都是那么的云淡风轻。

顺其自然，活得潇洒

人生是多种多样的，每个人都有自己的活法。但是，归结起来的话，无非也就两种：一是活得累，二是活得潇洒。在人生的旅途中，人们可能随时会遇到各种不顺心的困惑，高考失利、下岗失业、晋升无望、怀才不遇、生意翻船、家庭分裂等。这种种坎坷都会因为主观愿望与客观现实的矛盾而引起强烈的心理情绪波动，甚至心态失衡。在这样的情况下，有的人不择手段，铤而走险，有的人满腹牢骚，咒天骂地，甚至抨击一切。这都是活得累的人。

另外一些人则是平心静气，理智地看待困难、挫折和痛苦，用积极的态度寻找治疗自己苦闷的良方。他们善于随遇而安，顺应自然，即使环境再怎么恶劣，他们也都不放在心上，而是专心于自己的工作和生活。这是哲人，是能够活得潇洒的人。

老子曾说："人法地，地法天，天法道，道法自然。"世界上最大的法则是自然法则，人的法则其实是最小的。所以，顺其自然才是人类的生存之道。

有一位高僧，非常善于从眼前小事物入手，启发弟子们的悟性。

有一次，他带着两个徒弟下山化缘，途中看到了一片茂盛的树林，不过其中有几棵树枯萎了。高僧指着其中的一棵枯树问徒弟："你们说，树木是枯萎好还是茂盛的好？"

大徒弟想都没想，立即回答说："当然是茂盛的好。"高僧摇摇头说："繁华终将会消失的。"

二徒弟似乎听明白了师父的意思，于是接口说道："我看是枯萎的好。"

谁知，高僧还是摇了摇头，说道："枯萎也终将成为过去。"

此时，有一个牧童路过这里。高僧便问了牧童同样的问题。机智的牧童回答说："枯萎的就让它枯萎吧，茂盛的就让它茂盛好了。"

高僧点了点头，说道："小施主说得很对。世界上的任何事情，都应该听其自然，不要过于执着，这才是修行的态度。"

万物的枯荣有其规律，花儿不会永远常开，树叶不会永远青翠，就连月亮也不会永远盈满。它们都必须遵循自然的法则。自然的法则是博大的，也是残酷的，繁荣也好，枯萎也罢，随着时间的流逝，终究是要消失的。现实生活中，人的美貌、权力、财富、名誉都不过是过眼烟云，人应该学会顺其自然地活着，如果刻意追求反而会被其所累，最终迷失了自己，陷入无尽的烦恼之中。

在生活中，能够顺其自然的人，一定是豁达的、开朗的，我们应该让自己豁达些，因为豁达才不至于钻入牛角尖，才能乐观进取。我们还要让自己开朗些，因为开朗才有可能把快乐带给别人，让生活中的气氛变得更加愉悦。

在一座寺庙中，后院的草地都枯萎了，显得很荒凉。小和尚对师父说："师父，我们赶紧买些草籽种上吧。"

师父说："不用着急，等什么时候有时间了，我再去买一些草籽。任何时候都能撒播，着急有什么用呢？随时！"

到了中秋的时候，师父把草籽买了回来，交给小和尚，对他说："去吧，把草籽撒在地上。"天上起风了，小和尚一边撒，草籽一边飘。

"不好，许多草籽都被吹走了！"小和尚说。

师父说："没关系，吹走的多半是空的，撒下去也发不了芽。没什么可担心的。随性！"

草籽撒上了，许多麻雀飞来，在地上专挑饱满的草籽吃。小和尚看见了，惊慌地说："师父不好了，草籽都被麻雀吃了！这片地再也长不出小草了。"

师父说："没关系，草籽多，麻雀是吃不完的。明年这里一定会有小草的！随遇。"

夜里下起了大雨，小和尚久久不能入睡，担心草籽会被雨水冲到别的地方。第二天，雨停了，小和尚跑出去一看，草籽都被冲走了。于是他马上跑进师父的禅房说："师父，草籽被冲走了，长不出小草了。这可怎么办啊？"

师父不慌不忙地说："草籽被冲到哪里就在哪里发芽。不用着急，随缘！"

没过多久，后院的角落里居然长出了许多青翠的小苗。小和尚高兴地对师父说："师父，太好了，我种的草长出来了！"

师父点点头说："随喜！"

小和尚的师父是一位懂得人生乐趣之人。凡事顺其自然，不必刻意强求，反倒能有一番收获。"随时、随性、随遇、随缘、随喜"简单的十个字，却道出了人生的大智慧。如果一切自然随意，那么人生还会有太多的东西可以让你寝食难安、愁眉不展吗？生活遇到许多的不如意，我们都为自己周围的客观条件所限制，无法改变，此时就不妨顺其自然，随遇而安。这样你也可以找到一份心灵的宁静与快乐！

日本有一位禅师，法号白隐。他不仅修行高深，还生活纯净，具有很好的名声，深受当地百姓的敬仰与称颂。

白隐禅师所在的寺院附近住着一户人家，家里有一个非常漂亮的女儿。有一天，夫妻俩发现女儿怀孕了，认为好端端的一个黄花闺女，竟做出这种见不得人的事，实在是家门的耻辱。夫妻二人不断逼问女儿那个男人是谁，女儿怯怯地说出了白隐禅师的名字。

她的父母来到白隐禅师的住处，狠狠地将白隐痛骂了一顿，骂他不守清规戒律，败坏道德。可是，白隐并没有生气，只是若无其事地说了一句："只是这样吗？"

等孩子出生后，那位姑娘的父母就将孩子送给了白隐，让他抚养。这件事给白隐禅师带来了很大的负面影响，几乎使他声名扫地。但他并没有因此放弃抚养孩子，而是悉心照料孩子，四处乞求婴儿所需要的奶水和其他用品。即便他多次遭到别人的白眼和羞辱，但他总是泰然处之。

在白隐禅师细心呵护下，婴儿渐渐地长大了，成了一个非常可爱的小孩。孩子的妈妈再也忍受不了良心的谴责，于是就把实情告诉了父母。她的父母非常惊讶，立即带着她来到寺院，向白隐禅师道歉，请求原谅。

可是，白隐禅师还是像当初那样，不愠不火，淡然如水，更没有趁机抱怨他们，只是轻轻说了一句："只是这样吗？"

生活中，我们也常常会被人误会或是指责，如果你去解释或还击，往往会把事情越闹越大，不如向白隐禅师学习学习，不去争辩，不去理会，顺其自然，这往往是最好的解决途径。佛说：不要用抗争的心态来面对这个世界。凡事以对立的心态对待，唠叨抱怨就不会停止，如此便难以用宽容的心来原谅和接受他人的不同见解，于是就很难活得快乐。宠辱不惊，得失无意，凡事只要自然就好，不需要更多的外在的形式。这样可以获得身心的自然安宁、惬意、舒适与安逸，幸福的生活也会随之而来。

为人要沉稳，切忌冲动

古人有云："三思而后行。"意在告诉我们，为人做事要淡定、沉稳，切忌冲动。一个人要想做自己真正的主人，就要懂得克制自己，避免在情绪的牵引下盲目地采取错误的行动。懂得克制自己的人是理性的人，这样的人冷静从容，有十足的信心控制局势，能够不急躁、有次序地前进，而且有始有终。

冲动是人的一种情绪反应。它往往与鲁莽是如影随形的，其特点是遇事不够冷静，听不进别人的话，易动肝火，急于表态，轻易决策，不计后果。其实，当某种既发的事情已经形成，而促使你忧愤、伤心时，需要的是更多的冷静，而不是冲动。因为只有接受现实、冷静分析才能做出正确的应对措施，

三国蜀主刘备，听说义弟关羽被东吴杀害。悲愤交加，发誓要为关羽报仇，他要起兵伐吴，此时，他完全被自己悲伤和冲动的心态所控制。

三国鼎立，从大局来看，魏国强大，蜀吴弱小，只有连吴抗魏，才能长治久安。

赵云劝刘备说："现在的国贼是曹魏，并不是孙权。曹操虽然死了，但曹丕却篡汉自立为帝。陛下你不应该讨伐东吴。倘若一旦与东吴开战，战

争就不可能立刻停止，别的计划就不能实施，望陛下明察。"

赵云的这番话颇有道理，确实是揆情度理之言，然而，刘备却对赵云说："孙吴杀害了我的义弟，还有其他忠良之士，这是切齿之恨，只有食其肉而灭其族，才能够消除我心中的仇恨。"

赵云又劝说："曹魏篡汉是大仇，兄弟之间的仇恨，是私恨。希望陛下以天下为重。"

刘备已完全失去了理智，完全失去了审时度势的能力，道："我不为义弟报仇，纵然有万里江山，又有什么意思呢？"

结果大家都知道，冲动不仅让刘备尝到了失败的滋味，还因此一病不起。一个人有七情六欲是正常的，这也是人之为人的特征。然而，刘备却忘了"三思而后行，谋定而后动"这副克服冲动的最佳良药，对复杂多变的形势做出错误的分析和判断。使事情陷入更复杂、更被动的情境之中。

三思而后行，思考些什么？要思考发生问题的根源是什么，导致问题的诱因是什么。只有当这些问题的正确答案都找到后，才能考虑解决的方法。问题的发生是很多原因导致的，其背景是复杂的，单凭直觉很难得出正确结论，况且还有被人制造假象、提供虚假线索的可能，一不小心就有误入歧途的危险。所以，思维必须要精细缜密。

欧典地板号称源自德国，但其德国总部根本不存在。自称百年历史其实只有8年，所谓的欧典（中国）有限公司也根本没有注册过。原来，欧典地板并非像其宣传的那样"真的很德国"，但竟然卖到了2008元／平方米。2006年的央视"3.15"晚会向全国消费者揭穿了这个谎言。他们的所谓"真的很德国"，其实是利用了消费者爱慕虚荣的心理。因为木地板最早起源于德国，所以欧典便想方设法把自己的产品与德国联系在一起，通过炒作概念，来标榜自己技术一流、质量上乘。

美国股神巴菲特有一句名言：只有退潮时，你才知道谁在光着身子游泳。很多的企业似乎正是这样，经济狂潮一经消退，喧闹的沙滩上留下的便是投资者尴尬的身影，而这无力遮羞的身影正是急功近利所带来的一大致命伤。由于急功近利，与欧典类似的不少企业不愿在苦练内功上下功夫，而是把赌注押在广告上。一些企业在商海中潮起潮落、上下浮沉，甚至是杀鸡取卵、急功近利。但急功近利会导致恶果，这是欧典事件带给我们最深刻的教训。

在美国的加州，有一个小女孩的父亲买了一台大卡车。他非常喜欢那台卡车，总是为那台车做全套的保养，以保持卡车的美观。

一天，小女孩拿着硬物在他父亲的卡车上划下了无数的刮痕。她的父亲盛怒之下用铁丝把小女孩的手绑起来，然后吊着小女孩的手，让她在车库前罚站。当父亲想起小女儿还在车库罚站时已经是4个小时以后了！当他回到车库，小女孩的手已经被铁丝绑得血液不通了！她的父亲把她送到急诊室时，手掌已经都坏死，医生说不截去手掌的话会非常危险，甚至可能会危害到小女孩的生命。所以小女孩就这样失去了她的一双手！但是她不懂到底是发生了什么事，而她的父亲也因此而懊悔终生。

大约半年后，小女孩父亲的卡车进厂重新烤漆后，又像全新的一样了，当他把卡车开回家，小女孩看着重新烤过漆的卡车，对她父亲天真地说："爸爸！你的卡车好漂亮，看起来就像是新卡车。"就在这时，小女孩无邪地伸出了她被截断的双手，天真地对她父亲说："但是，你什么时候才把我的手还给我？"

一直被愧疚折磨的父亲终于崩溃，最后举枪自杀……

冲动是魔鬼，他会把我们的理智吞噬。如果不能控制情绪，我们便有可能犯下令自己后悔一生的事！一定要控制我们的情绪。很多人因为不能控制自己的情绪而一事无成，如果他们能够做情绪的主人，那么他们也能完成只有伟人才能完成的工作。

方楠是纽约某大报社的记者，他大学毕业后，当了两年兵，然后就顺利地到一家大报社当财经记者，而且任何他要采访的对象，似乎都可以手到擒来。再加上方楠人长得很帅,又是大报社的记者,所以受到许多美女的青睐。就在一切都很顺利的时候,方楠有一次与公司主管发生冲突,心里觉得很委屈。这时候,突然有一家小型报社想高薪聘请他,而且愿意让他主跑外地新闻线。

方楠心想:"我在新闻媒体圈才工作了一年,就已经小有名气了。现在有人多出50%的薪水挖我,又让我跑自己喜欢的新闻线,我为什么要留在这里受闷气呢?"于是方楠跳槽了。

方楠到这家小报社上班采访的第一天,怪事便发生了。原本可以立即顺利邀约采访的明星和大老板,都推说有事,要另外安排时间,而原本安排给自己出书的出版社,也突然推说出版计划受到经济不景气的影响要暂停,甚至那个经常和他约会的美女,看到他新公司的招牌后,脸孔也换成一副欠她钱的样子。

刹那间,全世界都好像在跟方楠作对,变得不认识方楠这个人了。当然,方楠由于绩效不如预期,也时常遭受新老板的冷眼相对。

工作稍顺的方楠以为自己的能力真的已是顶尖,从而骄傲自满,无法听进别人的意见,原有的优势会让他自以为是。遇到矛盾之后,轻易就做出跳槽的决定,可见,他的性格还真不是一般的冲动。想必此时的他,也一定尝到了冲动的苦头了吧!

我们都是社会上的人,不可能单独存活于世上,在生活上必然有外界的变化影响着我们,比如,他人的言行举止、自然环境的冷暖变化、客观事物的更替等等。这时倘若我们不能以平静的心态来对待,结果很可能就是害人害己,更别提活出人生了。

一个能克制浮躁冲动的人是一个有修养的人,麦金莱的涵养让众人折服,具备这种修养的人懂得控制自己的情绪。生活当中,有时候你无法清楚自己所处的环境,也不清楚自己将会遇到什么样的对手,但是无论何时都能保持自己的情绪,才能在社会上游刃有余地生存。有不少人,习惯了如鱼得水的际遇，稍微遭遇不顺，哪怕是轻微的挫折，就会掉头朝向另一个方向，甚至弃之不顾，而不会静下心来，好好反思一下自己，总结一下成败得失的原因。

　　成功之路，艰辛漫长而又曲折，只有稳步前进才能顺利达到终点，赢得成功。如果一开始就浮躁冲动，那么，你最多只能走到一半的路程，就会半途而废。对于渴望成功的人，应该记住：只有拒绝冲动，学会冷静，才会打败残酷的现实，最终赢得光明的未来。

每天进步一点点

西方有句格言:"罗马不是一天建成的。"没有谁可以一口吃成胖子,也没有谁可以一步成就自己的辉煌。所有成功的质变都必须要有量变的积累。可是,并不是所有的量变都可能成为质变的有力保证。

我们一定要让自己的努力达到量变的标准,才能实现最后的质变的功效。也就是说,我们对自己的每一步努力都应该做好规划才能够实现自己的最终目标。

一只新组装好的小钟放在了两只旧钟之间。两只旧钟"滴答"、"滴答"……一分一秒地走着。其中一只旧钟对新来的小钟说:"来吧,你也该工作了。可是我有点担心,你走完3153.6万次以后,恐怕会受不了。"

"天哪!3153.6万次。"小钟吃惊不已,"要我做这么大的事?办不到,绝对办不到。"

另一只旧钟说:"别听它胡说八道。不用害怕,你只要每秒摆一下就行了。"

"天下竟有这样简单的事情?"小钟将信将疑,"不过,如果真是这样,那我就试试吧。"

小钟很轻松地每秒钟"滴答"摆一下,不知不觉中,一年过去了,它摆了3153.6万次。小钟每秒只摆一下,的确是一件轻松简单的事,但正是这样的积累，让它在平凡中完成了一件不简单的事——走完了3153.6万次。

其实，有时候成功对于我们来说，并不一定非要是什么惊天地泣鬼神的大事，只要我们努力做好每一件小事就可以了。一个人如果想成就自己的梦想，聪明才智、缜密策划固不可少。但是只有把在脑子的影像用行动展现出来的时候，他才可能"笑傲江湖"。记住一句话：旁观者的姓名永远爬不到比赛的计分板上。想成就大事业的人，凡事也必须从简单的小事做起。

中国运动员刘翔能够在奥运会上摘金，就在于他十几年如一日地坚持练习单调的110米跨栏短跑，日积月累，最终在雅典奥运会上一举夺冠，创造了亚洲短距离赛跑的奇迹。

姚明之所以能够在NBA叱咤风云，在于他平时面对着篮筐上万次地重复单调的投篮动作，才能够在赛场上技压群雄。

"杂交水稻之父"袁隆平，无论是在"文革"之中，还是改革开放之后，总是穿着一套农民装，跟农民一起在实验田里侍弄庄稼，几十年如一日，一代一代地优化品种，不断地培育出优质高产的杂交水稻，为解决中国十几亿人民的吃饭问题做出了贡献，创造了史无前例的人间奇迹。

什么是奇迹？奇迹首先是勤于积累、循序渐进、不休不止，把简单的事情认真做。只要持之以恒地努力，从简单的事情做起，从细微之处入手，认真做好每个细节，这样就会离成功越来越近。

在1984年的东京国际马拉松邀请赛上，一位名不见经传的日本人出人意料地夺得了世界冠军。当记者问他凭什么取胜时，他说是凭智慧，当时许多人认为这纯属偶然。

可是，两年后在意大利的国际马拉松邀请赛上，他再一次夺冠。记者再次请他谈经验时，他还是那句话：用智慧战胜对手。

10年后，他在自传中说："每次比赛前，我都要乘车把比赛的线路仔细看一遍，并画下沿途比较醒目的标志，比如第一个标志是银行，第二个标志是红房子……这样一直画到赛程终点。比赛开始后，我以百米的速度奋力向第一个目标冲去,等到达第一个目标后,我又以同样的速度向第二个目标冲去。40多公里的赛程,就被我分成这么八个小目标轻松完成了。最初,我并不懂这样的道理。我把目标定在40公里外的终点线上,结果我跑到十几公里就疲惫不堪了,我被前面那段遥远的路程给吓倒了。"

我们做事之所以经常会半途而废,并不是因为困难太大,而是因为心理作用的结果。许多时候我们认为自己离成功还很远,看到自己离山顶还有很长一段距离时,我们就有了畏惧心理,正是这种心理上的因素致使我们放弃。

有人曾问爱迪生,在制造锌电池时,他失败了那么多次,为什么还要试验。爱迪生回答道:"失败?我可没有失败,我现在已经知道了一万种行不通的办法。"

爱迪生对于成功与失败的心胸及其奋斗的精神,正是我们学习的最好楷模!人生好比旅行,辛劳和苦难就是我们必须付的旅费。世上没有免费的午餐。任何收获都需要你有相应的付出。一个人要想领略美好的景色,就要登上山之巅、海之涯。在攀登前行的过程中,需要有优秀的品质做保障,需要有顽强、执着和勇猛向前的意志做动力。

哈同,1872年来到中国上海谋生,当时他24岁,年轻力壮,但除了身上穿着外,几乎一无所有。他立志来中国赚钱发财,但自己一无资本,二无专业知识和技术,他决心从一个立足点开始。因自己身材魁梧,他一开始便在一家洋行找到一份看门工作。

哈同在当看门工时,非常认真,忠于职守。晚间,他利用一切可用时间阅读各种经济和财务的书籍,知识增长很快。老板觉得他工作出色,脑子灵活,把他调到业务部门当办事员。哈同一如既往,工作业绩不错,逐步被提升为行务员、大班等。这时,他的收入大大增加了。胸怀壮志的他,并没有因此而知足。他认为自己创业的时机到了,1901年,他不再打工,开始独自经营商行。

哈同给自办的商行取名为"哈同洋行",为了赚取更多的钱,他看准了洋货市场。因洋货在中国市场上竞争品不多，消费者难以"货比三家"，因此，他的经营获得了高额的利润，市场不觉间也扩大了。

几年间，他赚了许多钱。随着资本的增多，哈同没有放缓自己的脚步，开始经营起买卖土地等业务。另外，他自己也投资建造楼房供出租，从中获取惊人的利润。就这样，他成了大富豪。

事实上，当我们把长期目标分解成若干个小目标并逐一跨越时，我们就会感觉轻松许多，并且当目标具体化并清晰可见时，我们也知道自己该做什么，怎样能做得更好，这就很有利于我们的成功。

比尔·盖茨做图书馆管理员助理的时候，面对散乱多年而无人能够整理的图书，他没有抱怨和退缩，而是一本一本地整理四下散落的图书，并把它们登记造册，放回正确的书架。在他的努力下，数万本图书就这样一点一点地被码放好。正是比尔·盖茨具备了这种精神，才成就了他今天的成功。

当然，所有的目标都是摆在我们面前的一种诱惑，目标越大，诱惑也会越大。但是，我们要把这种诱惑变成现实，必须要讲究方式、方法，不能盲目，更不能急躁。我们只有一步步地积累，才会得到满意的结果。

很多年前，有一支国际性的探险队要攀登梅特隆山北麓，这是前所未有的壮举。记者们前去采访这些来自世界各地的探险队员。

一位记者问其中一个说："请问你对自己的举动有什么想法呢？"那人回答说："我会为它付出一切。"另一位记者也以同样的问题问第二位队员，这位登山队员回答说："我会尽最大的努力。"第三个登山队员也被问到，他的回答是："我很高兴，而且会好好努力。"最后，有位记者问一位年轻的美国人，这位美国人朝他看了一下，然后说："我想我能成功攀登梅特隆山的北麓。"

结果，最后只有一个人登上了顶峰，他就是那位年轻的美国人，因为只有他的心中有一个具体的目标，他是一直瞄准目标前进的。

人生是一步步走出来的，成功是一点一点地积累起来的。不要总是看着那个目标做梦，也不要不择路径地向那个目标进发，选对了前进的方向之后。冷静地走自己的路，慢慢地向目标迈进，我们才可能登上成功的巅峰。

　　古人云："不积跬步，无以至千里。不积小流，无以成江海。"成功从来都不是一蹴而就的，成功需要不断积累。智者善于以小见大，从平淡无奇的琐事中参悟出深邃的哲理。他们不会将处理琐碎的小事当作一种负担，而是当作一种经验的积累过程，当作成就宏图伟业的前奏。可见，从小处着手，把小事做好，才有机会成就大事。

善于忍耐，能屈能伸

时势多变，即使是豪情万丈的杰出人物也会有委曲求全、英雄气短之时，这个时候，如果没有足够的耐性，恐怕很难获得发展，所以古代能够有所作为的霸主，大都能够做到以屈求伸这一点。

善于忍耐，积极积蓄力量和资本的人，更容易取得飞跃式的进步。所以忍受折磨是我们任何一个人都要经受的最困难的一件事，等待比做事要难得多。顽强忍耐的人，跌倒了再爬起来，这样力量也在一次次的跌倒和爬起中不断增长。

从前，同一座山上有两块相同的石头，三年后发生了截然不同的变化，一块石头被雕成佛像，受到很多人的敬仰和膜拜，而另一块石头却被刻成台阶，受到别人的践踏。这块被践踏的石头极不平衡地说道："三年前，我们同为一座山上的石头，今天产生这么大的差距，我的心里特别痛苦。"另一块石头回答说："那是因为三年前你害怕刀子割在身上的痛，告诉工匠只要简单雕刻一下就可以了。"受人膜拜的石头那时憧憬着未来的模样，不在乎割在身上的痛，所以有了今天的不同。

忍耐是一种理智，是一种涵养，更是一种美德。忍耐的人暂时容忍，最后必然会得到公平的待遇。作为一个年轻人，在意志的果断性、忍耐性和顽强性上磨练自己，是十分必要的。韧性也就是意志的忍耐力，是把痛苦的感觉或某种情绪长时间地抑制住，不使其表现出来的能力。

唐代诗人杜牧有一首《乌江亭》："胜败兵家事不期，包羞忍辱是男儿。江东弟子多才俊，卷土重来未可知。"这首诗中，杜牧感慨项羽逞一时之英雄，惜一时之名，不能忍辱负重，而自刎乌江，结果失去了东山再起、卷土重来的机会。

"汉初三杰"之一的韩信在早年还是一名布衣百姓时，衣食常常没有着落，穷困潦倒，常为人讥笑。

一天，当韩信在街上走时，迎面过来一个屠家的少年无赖，他常以欺负韩信为乐趣。韩信见了他，急忙转身而走，不愿与之正面冲突。

这时，那个无赖也发现了韩信，见他要走，便一把抓住韩信的衣领："你这个胆小鬼，见了我想跑，想往哪儿跑？"

那无赖一眼又看见韩信腰上的佩剑："哦，你小子还带剑，你配带剑吗？"说着就要动手解韩信的剑。韩信往后一跳，挣脱了无赖的纠缠，想照旧走自己的路。

不料，那无赖一把将韩信抓住："我说，你虽说人高马大，却是一个草包。咦，生气了吗？你的嘴角抖什么？如果你是条汉子，就拔剑来刺我，咱们比划比划。如果你没有勇气，贪生怕死，就从我的裤裆下面钻过去。"

韩信听了，血一下涌上了头，他盯着那张无赖至极的脸想了很久，很想拔剑出来与他决斗，凭自己的武功，是不怕他的。但韩信的心里又在琢磨，这个家伙虽不怀好意，但与之决斗却无太大意义，更不值得为了他而惹上一身官司。唉，也罢，我就是从他胯下爬过去，他就能比我高明了吗？

想到此，韩信慢慢俯下身，趴在地上，从那无赖的胯下爬了过去。这时，街上围观的人都哈哈大笑起来。

韩信不逞一时之勇，而是忍辱负重，不把自己的生命浪费于无足轻重的决斗上，虽然蒙受了巨大的耻辱，但仍能自强自新，终于在秦末农民大起义中大显身手。他先是投靠项羽，后来又投靠刘邦，被刘邦拜为大将，领兵百万，指挥若定，所向披靡，战无不胜，攻无不克，为西汉政权400余年的基业立下了汗马功劳，终于成就大业，名垂千古。

事实上，隐藏自己的才华，是一个人胸怀博大的具体表现，这样的人更容易与他人打交道，办事也更容易成功。

与人相处，不时会遇到他人犯有小错，这也许会冒犯你的利益。如果不是大的原则问题，不妨一笑了之，显出一些大家风范。大度诙谐有时比横眉冷对更有助于问题的解决。对他人的小过不与追究，实际上也是一种忍让的态度，有的时候，这种忍让会使人没齿难忘。

海明威曾说："我可以被毁灭，但不可以被打败。"的确，这种傲视万物、不屈不挠的精神很值得我们学习。然而，在生命的航程里，沉沉浮浮在所难免，开心或不开心的事情很多，不管我们愿不愿意，总有人是我们喜欢的，也总有人是我们不喜欢的，心情有好的时候也有坏的时候。面对这汹涌的波涛，我们不一定是最好的舵手。那么，我们不妨给自己一次低头喘息的机会——适时忍让。

20世纪50年代，许多商人知道于右任是著名的书法家，纷纷在自己的公司、店铺、饭店门口挂起了署名于右任题写的招牌，以招徕生意，其中确为于右任所题的极少。

一天，于右任的一个学生匆匆地来见老师："老师，我今天中午去一家平时常去的羊肉泡馍馆吃饭，想不到他们居然也挂起了以您的名义题写的招牌！而且字写得歪歪斜斜，难看死了。"正在练习书法的于右任，放下毛笔然后缓缓地说："这可不行！"

于右任沉默了一会儿，顺手从书案旁拿过一张宣纸，拎起毛笔，龙飞凤舞地写了"羊肉泡馍馆"几个大字，落款处则是"于右任题"几个小字，并盖了一方私章。

于右任缓缓地说："这冒名顶替固然可恨，但毕竟说明他还是瞧得上我于某人的字，只是不知真假的人看见那假招牌还以为我于大胡子写的字真的那样差，那我不是就亏了么？我不能砸了自己的招牌，坏了自己的名声！所以，帮忙帮到底，还是麻烦你跑一趟，把那块假的给换下来。"转怒为喜的学生拿着于右任的题字匆匆去了。

人生不是电影，不会定格在某一个画面。日子在往前走，生活也要继续。你若依旧在颠簸的旅途奋力前行，偶尔绊住了，也不要长卧不起，总还会爬起来的，因为这不是输，只不过是暂时没有赢！

如果你能够不管情形如何，总坚持你的意志，总能忍耐，那你已经具备了"成功"的要素了。每个人都相信那些百折不挠、能坚持、能忍耐的人。能忍得旁人所难以忍受的东西，才能使自己不断地积蓄力量，增强忍耐力和判断力，这样才能为将来事业的成功积累资本。

日本矿山大王古河市兵卫小时候曾当过收款员。有一天晚上，古河到客户那儿催讨钱款，对方毫不理睬，一点儿都不把古河放在眼里。古河只好忍饥挨饿，一直等候到天亮。第二天早晨，古河并没有显出一点愤怒，仍然满脸笑容。对方此时态度大变，他被古河的耐性所感动，恭恭敬敬地把钱付给他。老板大为欣赏他的这种认真随和又富有耐性的工作精神，之后，他工作表现优异，几年后就被提升为经理。古河说自己的秘诀就在于"忍耐"二字。

事业常常成于坚忍，而毁于急躁。人生之路是漫长崎岖的，有太多的意外会袭来，没有忍耐一切折磨的精神，就不能成就大的事业。对成功人士来说，任何委屈都不足以让他心灰意冷，相反更加能鼓舞士气，激发起自己一定要做成大事的欲望。能否忍一时的委屈是你能否成就一番事业的关键。以一种良好的习惯来控制自己、能忍耐折磨的人，就能够得到他所要的东西。

大丈夫根据时势，需要屈时就屈，需要伸时就伸。屈于应当屈的时候，是智慧；伸于应当伸的时候，也是智慧。屈是保存力量，伸是光大力量；屈是隐匿自我，伸是高扬自我；屈是生之低谷，伸是生之巅峰。

适当示弱，在稳中取胜

有生命的地方就会有竞争，人人都想成为竞争中的赢家，但上帝却并不会偏爱于任何一个人，这就需要我们自己去琢磨求胜之道。世事瞬息万变，无论多么强大，你都不可能一直处于强势地位，当情势不利于你的时候，你就应该适当示弱，以求退中有进、稳中取胜。

生命需要一定的锐气，但这锐气决不等于逞强。在羽翼没有足够丰满之前逞强蛮干，就等于把自己的弱点毫无保留地告诉了对手，这是非常愚蠢的做法，也是不成熟的表现。这样的人，即使有再好的条件，也只能前功尽弃，哪怕离权力的顶端只有一点点距离。很多大智若愚的人，身上并非缺乏锐气，而是将锐气巧妙伪装起来了，他们是善于伪装的专家，这里的伪装堪称是一种高明的示弱功夫。藏形隐迹，使对手疏于防范，他们便多了取胜的机会。

聪明的人遇到势力强大的对手时，会处处表现得很谨慎，示弱于对手，这样对手必会掉以轻心，产生轻蔑的思想，做出错误的判断，从而掉入你为他设计好的陷阱。正所谓"骄兵必败"。放低姿态，示人以弱，这是古往今来成功者在竞争中取胜的一大法宝。

出身于东汉世家大族的司马懿素以多谋略、善权变而著称于世。从汉末乱世中谨慎出山、被动防范曹操的疑忌到高平陵政变诛杀曹爽、实际执掌曹魏政权，司马懿走过了一条艰辛的示弱之路。

建安十三年，曹操担任了献帝的丞相，四处物色贤士。已经被司马懿拒绝了一次的他又决定延请司马懿为文学掾，并严厉地对使者说："如果司马懿还是推三阻四，再耍花招，就把他绑来见我！"司马懿没有别的办法，只好硬着头皮前去就职，其实这时司马懿也只是权宜之计。因为此时曹氏已今非昔比，独揽汉室大权已成事实，逐鹿中原，稳操胜券，中原许多大族名士均已投靠曹操，视其为实际君主，舆论普遍认为曹氏代汉只是时间问题了。

司马懿对自己的处境也很清楚，为了消除曹操的猜疑，他表面上对权势地位无所用心，只是勤勤恳恳、恪尽职守，埋头于日常公务，为人也注意谦恭抑损，逐渐淡化了曹操的敌视态度。

曹丕即位后，虽然他与曹丕关系不错，得到曹丕的重用，地位日益显赫，但他的防范心理并不因此懈怠。在征辽东公孙渊凯旋时，一些兵士因天气寒冷，乞求司马懿赏些襦衣，这本来是不算过分的要求，但他却未答应。当别人对此表示不解时，他辩白自己，说是不能让皇帝认为他是用国库的衣物为自己收买人心，可见他为人十分精细。

20余年后，到了魏明帝曹睿的儿子曹芳登位时，司马懿已官至太尉，与宗室曹爽同为顾命大臣，辅助齐王曹芳，二人实际共同掌握了曹魏的军政大权。

当时，曹爽门下有清客500人，其中毕轨、何晏、邓扬、丁谧等常在曹爽周围为他出谋划策。他们不断向曹爽进言，认为司马懿有一定野心，而且在社会上有很高声望，对皇室是潜在的威胁，不可对他推诚信任。

曹爽遂于景初三年二月，使魏帝下诏，表面推崇司马懿，说他德高望重，理应位至极品，因而从太尉升为太傅。这一明升暗降的办法，使司马懿的兵权被剥夺，实际权势被架空，以后尚书奏事，均先经过曹爽，大权遂为其所独揽。紧接着，曹爽又将其三个弟弟和自己的心腹都安排在比较重要的官位，执掌实权。朝中要职，全为曹爽之党控制，一时曹爽权倾朝

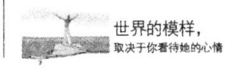

野，满门称贺。

对于曹爽及其党羽的夺权之举，司马懿早已看破其用心。司马懿出山以来，苦心经营多年，根基也很深厚，当然不可能善罢甘休，二者之间的矛盾已经比较明显了。但司马懿并未一怒而起，他洞察形势。认为自己目前处于不利地位，曹爽身为宗室，是功臣曹真之后；而自己却为外姓，是曹氏政权猜忌防范的对象，不可马上采取过激的对抗行动。于是，面对曹爽咄咄逼人的进攻声势，司马懿以退为守，收锋敛芒，藏形隐迹，一退再退，把政权拱手让给曹爽；并以年老病弱为由，不问政事。

后来曹爽对司马懿的病感到有些怀疑，恐怕其中有诈，正巧此时曹爽的亲信李胜将出任荆州刺史，曹爽命他向司马懿辞别，乘机伺察司马懿生病的真相。

司马懿知道曹爽派李胜辞行的用意，将计就计，故意表现了一副衰病之容。他躺在病床上，两个婢女在他身边服侍。他想拿过衣服来穿，但却由于手抖而使衣服滑落在地上。他指口言渴，婢女端进粥来，他只能勉强将嘴凑到碗边，让婢女一勺勺地喂他，稀粥顺着他的嘴角流出来，弄得胸前衣襟湿漉漉的，十分狼狈。

李胜回到曹爽那里，将亲眼所见向曹爽详细报告，认为"司马公已神志不清，只剩下一具躯壳，不足为虑了"。曹爽听了，内心十分欢喜，从此自认为可以高枕无忧了。

嘉平元年正月，魏帝按惯例率领宗室及朝中文武大臣，到城外祭扫魏明帝的陵墓。丧失警惕、思想麻痹的曹爽兄弟及其亲信都前呼后拥地跟着小皇帝曹芳去了。此时，久已装病卧床不起的司马懿认为时机已到，他乘这次曹爽势力倾巢出动之机，将长期周密策划、精心准备的力量积聚起来，发动了政变，将曹爽一伙投入牢狱，不久便全部处死。

司马懿的示弱仅仅是一种手段，不是目的，是通过示弱赢得最后的胜利。不过无论何种形式的示弱，都要以强劲的实力做后盾，否则，只会弄巧成拙，一事无成。

有时候，示弱也是一种无形的力量，适度、适时地示弱，可以混淆对方的视听，使其做出错误的判断；示弱也可以迟滞对方做出决定的时间，从而给自己反击的时间。这是做人低调者的一种险中求退、退中求进的策略，更是低调者韬光养晦的必备条件。

麦克唐纳快餐馆的董事长克罗克没读完中学就出来做工，以维持生存。后来，他在一家工厂当上了推销员，生活状况有了明显的改善。他在推销产品过程中结交了许多朋友，积累了大量有关经营管理方面的宝贵经验。因此，他决定创办自己的公司。

通过市场调查，克罗克发现当时美国的餐饮业已远远不能满足已变化了的时代要求，急需改革，以适应亿万美国人的快餐需求。但是，克罗克面临的首要问题就是资金问题，对于一贫如洗的克罗克来说，自己开办餐馆根本就不可能。最后，他终于想出了一个好办法。他在做推销员工作时，认识了开餐馆的麦克唐纳兄弟，自己可以到他们的餐馆中学习经验，以实现自己的理想。于是，克罗克找到麦氏兄弟，讲述自己目前的窘境，恳请麦氏兄弟帮忙，最后博得了对方的同情，答应他留在餐馆做工。

克罗克深知这两位老板的心理特点，为了尽早实现自己的目标，他又主动提出在当店员期间兼做原来的推销工作，并把推销收入的5%让利给老板。

为了取得老板的信任，克罗克工作异常勤奋，起早贪黑，任劳任怨。他曾多次建议麦氏兄弟改善营业环境，以吸引更多的顾客，并提出配制份饭、轻便包装、送饭上门等一系列经营方法，扩大业务范围，增加服务种类，获取更多的营业收入，还建议在店堂里安装音响设备，使顾客更加舒适地用餐；他还大力改善食品卫生，狠抓饮食质量，以维护服务信誉，认真挑选店堂服务员，尽量雇佣动作敏捷、服务周到的年轻美貌姑娘当前方服务员，而那些牙齿不整洁、相貌平常的人则被安排到后方工作，做到人尽其才，确保服务质量，更好地招待顾客。克罗克为店里招来了不少顾客，老板对他更是言听计从。餐馆名义上仍是麦氏兄弟的，但实际上餐馆的经营管理、决策权完全掌握在克罗克的手中。

不知不觉，克罗克已在店里干了6个年头。时机终于成熟了，他通过各种途径筹集到了一大笔贷款，然后跟麦氏兄弟摊牌，最终克罗克以270万美元的现金，买下麦氏餐馆，由他独自经营。克罗克入主快餐馆后，经营、管理更加出色，很快就以崭新的面貌享誉全美。经过20多年的苦心经营，总资产已达42亿美元，成为国际十大知名餐馆之一。

《周易》上说："君子藏器于身，待时而动。"就是要告诫人们，一个人无论才能多么卓越、技艺多么超群，只要时机未到，就应该先示人以弱，隐藏自己，这样才能为日后的搏击取胜积蓄充足的力量。

淡定沉稳，小心谨慎才是上策

生活在社会这个大家庭中，我们要想守护自己的梦想，实现自己的价值，取得人生的成功，只知道埋头苦干是远远不够的。我们还要学会如何与各种不同的人打交道，处理好人际关系，所以，我们一定要拥有淡定沉稳的人生态度，对名利、对人生，都是如此。

任何盲目大胆、轻率冒失的行动，都可能会为之付出不菲的代价，甚至有可能一下子就失去了交第二次"学费"的机会。所以，我们除了在做重要的事情时要深思熟虑、谨小慎微，在日常生活中，也应该谨慎行事，才能避免飞来横祸伤到元气。

一个人在言语上不谨慎，只顾一时口舌之快，会有意无意会对他人造成伤害。甚至因一句话把深厚的友情完全葬送。一个人若在行为上率性而为，向别人乱发脾气，他的行为就会像墙上的钉孔一样在别人的心灵中留下疤痕。我们当谨慎自己的言行，不管怎样。都要给自己留下退一步的余地，以免做出无法挽回的事来。

三国时期，司马懿用计杀掉叛将孟达后，奉魏主曹睿之令，统率20万大军杀奔祁山。诸葛亮在祁山大寨中已知司马懿统兵而来，料定司马懿出关，必取街亭，切断蜀军的咽喉之路，连忙招集诸将来布阵。参军马谡自愿请战去守街亭。

蜀帝刘备在世时曾对诸葛亮说:"马谡言过其实,不可大用。"诸葛亮想起刘备的话,心中有些犹豫,便说:"街亭虽小,但关系重大。此地一无城郭,二无险阻,守之不易,一旦有失,我军就危险了。"马谡不以为然,说:"我自幼熟读兵书,难道连一个小小的街亭都守不了吗?"又说:"我愿立下军令状,如有差失,以全家性命担保!"

诸葛亮见马谡胸有成竹,于是没有做过多思考,就让马谡写下军令状,拨给马谡万五千精兵,又派上将王平做马谡的副手,并嘱咐王平:"我知你平生谨慎,才将如此重任委托给你。下寨时一定要立于要道之处,以免魏军偷越。"马谡和王平引兵走后,诸葛亮还是不放心,又对将军高翔说:"街亭上有一城,名为柳城,可以屯兵扎寨,今给你一万兵,如街亭有失,可率兵增援。"高翔接令,领兵而去。

但由于马谡只会纸上谈兵,缺少实战经验,又不肯听王平的劝告,最终失掉了街亭。街亭一失,魏军长驱直入,连诸葛亮也来不及后撤,被困西城县城之中,被迫演出了一场"空城计"。

诸葛亮退回汉中,依照军法将马谡斩首示众。待刀斧手把马谡的头端上来查验时,诸葛亮不禁失声痛哭起来。众人劝解,诸葛亮哭着说:"我不是为马谡而哭。我是想先帝在白帝城临终之前,曾经嘱咐我说:'马谡言过其实,千万不要委以重任。'我深深地悔恨自己不够谨慎,今天想起了先帝的话,怎么能不伤心呢?"

一件看上去微不足道的小事所折射的人生哲理,也许会影响你的一生,从而改变你一生的命运。一次微小的失误,同样能使你前功尽弃。丧失远大前程。鲁莽行事是悔恨的土壤,我们做人当谨慎言行,行动之前要三思,事前思考百遍,事后才能省去麻烦。

"踏踏实实做人,认认真真做事",是一个很好的开端。刻意做事的人,被别人看作充满心机、城府深的人,少了真诚和直率。做事不认真的人,往往会因为自己的马虎轻率酿成恶果。要想成就自己的事业,千万不要走入刻意做事、马虎做事的误区。

郭子仪是唐朝中期的名将，他在平定安史之乱等战役中立下了赫赫战功，因此，唐肃宗封他为汾阳郡王。代宗即位后，又赏他誓书铁券，犯大罪可免死。唐德宗又赐号"尚父"，不称呼他的名字，表示尊崇。可是郭子仪始终不居功自傲，更不因为功高而要特权。

唐代宗任命他为尚书令时，他一再推辞说："这是过去太宗做过的官职，所以后来各朝都不设置官员，怎可让我来破坏这个传统呢？这些年来，由于战争，封赏官爵很滥，如今叛乱稍平，应当审查整顿，请从我老臣做起。"代宗听他讲得有道理，这才作罢。

郭子仪的低调沉稳作风也赢得了朝中大臣们的敬重，所以到他家中拜访的人也日益增多。在每次会见客人时，都有一大帮爱姬侍女相伴。但是每次卢杞来他都会屏退所有陪侍的侍女。

留在郭子仪身边的几个儿子对此都感不解，问道："以往父亲会见客人，总是姬妾满堂、谈笑风生，为什么今天听说来人是卢杞，便赶走了所有的妇人？"

郭子仪告诉他们："你们不知道，卢杞这个人生来相貌丑陋，面色发蓝，我怕妇人们见了他会因此讥笑。卢杞为人阴险狡诈，要是有一天他得了志，一定会为了报这一笑之仇，将咱们全家斩尽杀绝。"

后来卢杞当上了宰相，果然谋杀了不少人，唯独郭子仪一家例外。

做人淡定沉稳，并不是要你不思进取，无所作为，而是要你于平淡、自然之中，打造一个实实在在的人生。淡定乃人生的一种境界。肤浅的人，往往哗众取宠，华而不实，故弄玄虚，故作深沉，而淡定的人，往往于平淡当中显本色，于无声处显精神。淡定在某种程度上来说，表现为心态上的平静和生活中的平淡。淡定的人生犹如山中的小溪，自然、安逸、恬静。淡定的人生也无须雕琢，刻意雕琢就会失去自然，失去本性。

为人处世当谦卑，言语行为要谨慎。唱高调只能满足自己一时的虚荣心，却会埋下不可饶恕的祸根，并且容易把自己逼入绝境。谨言慎行，是人生的大智慧，谨慎可以避免招人怨恨，亦可以预防未知的风险。

法国植物学家迪亚是一位贵族，法国大革命时已有70岁的高龄了。在这场横扫一切的大动荡中，一夜之间，他的贵族头衔，他的财产包括实验室、花园、房产统统都没有了，但他坦然处之，心境平静得像水一样，耐心、毅力仍在，勇气不减当年，即使经常食不果腹、衣不遮体，但他还是坦荡处之。

有一次，法国自然科学家协会邀请他作报告，他欣然同意，上台时赤着脚，第一句话就是："今天很抱歉，没有鞋子穿，不过赤着脚倒还挺舒服。"在作报告时，他的声音抑扬顿挫，那么的专注，他在一张小纸上用微微颤抖的双手描绘着植物的特征，生活中的一切痛苦都消融在对自然的无穷乐趣之中了。

科学家协会准备给这位坚强的令人尊敬的老科学家一点点抚慰金，但他婉言谢绝了。9年以后，这位历经沧桑的老人平静地走了。他在遗嘱中要求了自己的葬礼方式：用自己一生中确定的45种植物编成一个花环，放在他的灵柩上，这是唯一的、不需要任何别的东西。他用这种微不足道的方式为自己建立了一个永恒的纪念碑。

做人沉稳、淡定是人生的一种境界，也是许多成功人士的品质特征。然而人生在世，总要面对现实中柴米油盐、七情六欲这些复杂又伤脑筋的事情，无论性格怎样的沉稳，也总会有痛苦和心情烦躁的时候，否则就是麻木不仁或精神错乱。所不同的是，有些人总是愉快地接受这种痛苦，没有抱怨，没有忧伤，不会为此去浪费自己的精力，更不会消极悲观而从此一蹶不振。他们会捡起生命道路上的花朵，奋勇向前。

《易经》上说："祸患在人谨慎时往往会消失。考虑得周到，谨慎小心就没错。阴处在阴的位置就没有相辅相成之态，这是很危险的处境，但如果能谨慎就不会有害了。"为了不被伤到元气，我们无论在任何时候，对待任何事情，都一定要小心谨慎，淡定沉稳。

循序渐进，以免欲速则不达

　　古人云："欲速则不达。"我们要想取得事业的成功，必须遵循事物发展的客观规律及其发展进程，有计划、有步骤地进行，要积累经验，步步为营。但是，偏偏有些"聪明人"因为做事急于求成，结果事与愿违。

　　古时候，有个叫养由基的人，他非常善于射箭，有百步穿杨的本领。据说连动物都知道他有这种本领，所以，只要他一出现，常常令动物闻风丧胆。有一次，两只猴子抱着柱子，上蹿下跳，玩得不亦乐乎，此时，楚王张弓命令属下搭箭要去射击它们，但是，两只猴子依旧不慌不忙地玩闹着，不时还朝人们做鬼脸。这时，养由基走过来，接过楚王手中的弓箭，只见猴子们吓得毛都竖起来了。

　　有一个年轻人非常仰慕养由基的射术，一心想拜他为师。在年轻人的再三请求下，养由基终于同意收他为徒。起初，养由基交给他一根很细的针，让他放在距离眼睛几尺远的地方，然后整天盯着这根针的针眼看。两三天后，这个年轻人有点疑惑，于是，便问养由基："我是来学习射术的，老师为何要我做这些莫名其妙的事情呢？我什么时候才能够真正学习射术呀？"

　　养由基回答道："你现在所做的事情就是在学习射术呀！你继续练习吧！"这个年轻人起初表现得还不错，能够继续看下去，可是几天之后，便有些烦躁不安了，心想：我是来学习射术的，看针眼能看出什么所以然呢？这位老师不是徒有虚名，就是在敷衍我。

后来，养由基又教他练习臂力的方法，让他伸直手臂，然后在手掌上放一块石头，这个动作要从早到晚一直坚持。这个年轻人很想不通，不明白师傅的用意，他又一想：我是来学习射术的，干什么总让我端着块大石头呢？他非常不服气，不愿意再练下去了。

养由基看出了徒弟的心思，同时也认为他不是学习射术的材料，所以就任由他发展了。后来，这个年轻人又跟其他老师学习，但是，最终也没能学成精湛的射术。

我们都知道，万丈高楼平地起，夯实地基最为重要。成就绝非一日之功，你不会一步登天，但你可以一步步达到你的目标。不要认为自己的一步太小，重要的是每一步都踏踏实实。任何宏伟的目标都要从一点一滴的实干开始。大事做不来，小事又不做，最后所有的目标都成了空中楼阁。我们往往会遇到这样的人：总是对今天的状况不满，似乎世界埋没了他这个"人才"，可他又不能用行动来证明自己，这就叫作"好高骛远"。人最怕的就是"一瓶子不满，半瓶子晃荡"。

人都有惰性，也都愿意用那些用起来顺手的人。当你具备了被人信任的基础，并且在日常的工作中逐渐表现出你的踏实、聪明和细致的时候，越来越多的工作机会就会出现在你面前。

梅朵是一家大公司老总经过多次面试亲自招进来的一位大学生。她不仅聪明、漂亮、性格活泼，而且还写得一手漂亮的字。女孩能写一手好字的不多，她一手字写得铿锵倜傥，让这位老总对她不由多了很多好感。

于是，在工作中老总就手把手地教她。从工作流程到待人接物。她学得也很快，很多工作一教就上手，一上手就熟练，跟各位同事也相处的颇为融洽。老总开始慢慢地给她一些协调性的工作，各部门之间以及各分公司之间的业务联系和沟通，也都让她自己尝试着去处理。

时间一长，梅朵有点沉不住气了，就问老总，为什么总是让她做这些琐碎的事情？并说自己不仅仅能做这些，还能做一些更加重要的事情。老总告诉她，先把手头的工作做好，避免常识性错误的发生，再循序渐进。

可是，半年以后，梅朵向老总提出了辞职。她说："我本科四年，功课优秀，没想到毕业后找到了工作，却每天处理的都是些琐碎的事情，没有成就感。"老总问："你觉得，在你现在所有的工作中，最没有意义、最浪费你的时间和精力的工作是什么？"她马上回答道："帮您贴发票，然后报销，再到财务去走流程，再把现金拿回来给您。"这时老总笑了，问："你帮我贴发票报销有半年了吧？通过这件事，你总结出了一些什么信息？"梅朵说："贴发票就是贴发票，只要财务上不出错，不就行了，能有什么信息？"

这时，老总给她讲了他当年的经历："1998年的时候，我从财务处调到了总经理办公室，担任总经理助理的工作。其中有一项工作，就是跟你现在做的一样，帮总经理报销他所有的票据。本来这个工作就像你刚才说的，把票据贴好，然后完成财务上的流程就可以了。其实票据是一种数据记录，它记录了和总经理乃至整个公司营运有关的费用情况。看起来没有意义的一堆数据，其实涉及了公司各方面的经营和运作。于是我建立了一个表格，将所有总经理在我这里报销的票据按照时间、数额、消费场所、联系人、电话等记录下来。我起初建立这个表格的目的很简单，就是想在财务上有据可循，同时万一我的上司需要向我了解情况时，我会有准确的数据告诉他。通过这样的一份数据统计，渐渐地我发现了一些上级在商务活动中的规律，比如，哪一类的商务活动，经常在什么样的场合，费用预算大概是多少，总经理的公共关系常规和非常规的处理方式等等。

后来我的上级发现，他布置工作给我的时候，我会处理得很到位。有一些信息是他根本没有告诉我的，我也能及时准确地处理。他问我原因时，我告诉了他我的工作方法和信息来源。渐渐的，基于这种良性积累，他交代给我的工作也越来越重要，一种信任和默契就此产生，我升职的时候，他说我是他用过的最得力的助理。"

说完这些，老总又对梅朵说："我觉得你最大的问题是你没有用心。在看似简单不动脑子就能完成的工作中，你没有把你的心沉下去，所以，半年了，你觉得自己没有进步。"这时梅朵说不出话来，她收回了辞职报告。

在日常工作中，很多人看不起小事，不愿做那些他们认为很琐碎的日常小事，总想着公司能分配一些重要的大事给他们。其实，对于职场人士尤其是那些刚步入社会的新人来说，一点一滴地从小事踏实做起，能够给你认识社会的时间并积累一些社会经验，以免以后做重要工作之时走弯路。养成认真、踏实的工作习惯，能够让你学会如何用最快的时间接受新的事物，发现新事物的内在规律，比别人更短时间内掌握这些规律并且处理好事务。只有具备了这些要素，你才能成长为一个被人信任、能够承担大事的人。

冷静思考，才能做到淡定从容

生活的每一天会不时被那些繁杂的事困扰，不知你会不会经常因为这些烦琐的小事而生气，甚至影响一天的心情。其实，轻易击垮人们的并不是那些看似灭顶之灾的挑战，而往往是那些微不足道的极细微的小事左右了人们的思想，改变了人们原来的意志，最终让大部分人一事无成。

无论任何时候，我们都要学会遇事冷静，轻易动怒不仅会影响原本极为美妙的气氛，而且会对健康不宜。人生短暂，聪明的人千万不要浪费时间和精力，不要为了一点小事而大动干戈，这样于人于己都是有百害而无一利的。

从前有一个人，总是为一些烦琐的小事生气。他也知道自己这样下去不好，便去求一位高僧为自己谈禅说道，开阔心胸。

高僧听了他的讲述，一言不发地把他领到一座禅房中，落锁而去。

那个人气得跳脚大骂，骂了很久，高僧也不理会。那个人又开始哀求，高僧仍置若罔闻，他终于沉默了。高僧来到门外，问他："你还生气吗？"

他说："我只生自己的气，我怎么会到这地方来受这份罪？"

"连自己都不原谅的人怎么能心静如水？"高僧拂袖而去。

过了一会儿，高僧回来又问他："还生气吗？"

"不生气了。"那个人说。

"为什么？"

"气也没有办法呀。"

"你的气并未消逝，还压在心里，爆发后将会更剧烈。"高僧又离开了。

高僧第三次到门前，那个人告诉高僧："我不生气了，因为不值得气。"

"还知道不值得，可见心中还有权衡，还是有气根。"高僧笑道。

当高僧的身影迎着夕阳立在门外时，他问高僧："大师，气是什么？"

高僧将杯子里的茶水倾洒于地。他视之很久，顿悟，叩谢而去。

生气是用别人的过错来惩罚自己的蠢行。一个不会生气的人是庸人，一个只会生气的人是蠢人，一个能够控制自己情绪，做到尽量不为小事生气的人是聪明人。聪明人的聪明之处，是善于利用理智，将情绪引入正确的表现渠道，使自己按理智的原则控制情绪，用理智驾驭情感。

很多人在遇到问题时，会失去理智，会惊慌失措。我们常常说要保持理智，学会冷静。其实，理智就是一种明辨是非、通晓利害以及控制自己行为的能力。我们在做任何事时，都会经历一个复杂的过程，而理性的思考、判断、选择、分析，这些是走向成功的前提。理智的人在危险面前能保持头脑清醒，因此能临危不惧，化险为夷。

生活中每个人都有被陷害、被冤枉或被误解的时候，当发现有人攻击和诬陷自己的时候，不要惊慌，要冷静地进行解释和辩解，尽快消除一切误会，这样才能保护自己的利益。

战国时候，张仪和陈轸都投靠到秦惠王门下，受到重用。不久，张仪便产生了嫉妒心，因为他发现陈轸很有才干，甚至比自己还要强，他担心日子一长，秦惠王会冷落自己，更加重用陈轸。

于是，他便找机会在秦惠王面前说陈轸的坏话。一天，张仪对秦惠王说："大王经常让陈轸往来于秦国和楚国之间，可现在楚国对秦国并不比以前友好，但对陈轸却特别好。可见陈轸的所作所为全是为了他自己，并不是诚心诚意为我们秦国做事。听说陈轸还常常把秦国的机密泄漏给楚国。作为您的臣子，怎么能这样做呢？我不愿再同这样的人在一起做事。最近我又听说他打算离开秦国到楚国去。要是这样，大王还不如杀掉他……"

听了张仪的这番话，秦惠王自然很生气，马上传令召见陈轸。一见面，秦惠王就对陈轸说："听说你想离开我这儿，准备上哪儿去呢？告诉我吧，我好为你准备车马呀！"陈轸一听，莫名其妙，两眼直盯着秦惠王。但他很快明白了，这里面话中有话，于是他镇定地回答："我准备到楚国去。"

果然如此！秦惠王对张仪的话更加相信了。于是慢条斯理地说："那张仪的话是真的。"原来是张仪在捣鬼！陈轸心里完全清楚了。他没有马上回答秦惠王的话，而是定了定神，然后不慌不忙地解释说："这事不单是张仪知道，连过路的人都知道。我如果不忠于大王您，楚王又怎么会要我做他的臣子呢？我一片忠心，却被怀疑，我不去楚国又能到哪里去呢？"秦惠王听了，觉得有理，点头称是，但又想起张仪讲的泄密的事，便又问："既然这样，那你为什么将我秦国的机密泄漏给楚国呢？"

陈轸坦然一笑，对秦惠王说："大王，我这样做，正是为了顺从张仪的计谋，用来证明我是不是楚国的同党呀！"

秦惠王一听，却糊涂了，望着陈轸发愣。陈轸还是不紧不慢地说："据说楚国有个人有两个妾。有人勾引那个年纪大一些的妾，却被那个妾大骂了一顿。他又去勾引那个年纪小一点的妾，年轻的妾对他很友好。后来，那个楚人死了。有人就问那个勾引两个妾的人：'如果你要娶她们做妻子的话，是娶那个年纪大的呢，还是娶那个年纪轻的呢？'他回答说：'娶那个年纪大些的。'这个人又问他：'年纪大的骂你，年纪轻的喜欢你，你为什么要娶那个年纪大的呢？'他说：'处在她那时的地位，我当然希望她答应我。她骂我，说明她对丈夫很忠诚。现在要做我的妻子了，我当然也希望她对我忠贞不贰，而对那些勾引她的人破口大骂。'大王您想想看，我身为楚国的臣子，如果我常把秦国的机密泄露给楚国，楚国会信任我、重用我吗？楚国会收留我吗？我是不是楚国的同党，大王您该明白了吧？"

秦惠王听陈轸这么一说，不仅消除了疑虑，而且更加信任陈轸，给了他更优厚的待遇。陈轸巧妙的一席话，既击破了谗言，又保全了自己。

冷静应对一切突如其来的危机，是一种处变不惊的风度。只有冷静，才能在气势上给对方造成震慑的力量，也为自己赢得应急的机会。有些人一旦碰到不利于自己的形势，就惊慌失措，乱了阵脚，增添了别人的疑云，这是不明智的。所以，平时我们应该着力培养笑对风云变幻的心态，以便在风雨突然来临时能泰然处之。

有一位具有27年飞行经验的美国驾驶员，曾经在一次采访中介绍过他的一段飞行史中最不平常的经历。

在第二次世界大战时，他是F6型飞机的飞行员。一天，他们接到战斗命令，从航空母舰上起飞后，来到东京湾。他按要求把飞机升到距离海面300英尺的高度做俯冲轰炸。300英尺在今天可能不算什么，但在当时，这已经是很高的飞行高度了。正当他以极快的速度下降并开始做水平飞行的时候，飞机的左翼突然被击中，整架飞机翻了过来。

人在飞机中，是很容易失去平衡感的，尤其在天和海都是蓝色的时候。飞机中弹后，他需要马上判断自己的位置，以便决定应该向上还是向下操纵飞机。

但是，在那最初一瞬间、在那生死攸关的关键时刻，他没有去碰驾驶舱里任何控制开关，只是强迫自己冷静、思考、理智，绝不能慌乱。终于，他发现蓝色的海面在他的头顶上，知道了自己确切的位置，知道自己的飞机是翻转了。这时，他迅速地推动操纵杆，把他的位置调整了过来。在那一瞬间里，如果他冲动地依靠他的本能，慌乱地操作，那么，他很可能会把大海当作蓝天，一头撞进海里葬身鱼腹了。

这位老飞行员在回忆往事后，语重心长地对记者感慨道："是我的冷静挽救了我的性命。"

一切都在变化之中，发生突变事件也是难免的，老飞行员能从冷静中挽回性命，正是他稳定理智的情绪救了他，而稳定的情绪来源于何处，它正是来源于直面事实，接受事实。

缺乏理智的人由于对社会纷繁复杂的事物不能看清、看透，因此很难做出正确的判断。缺乏理智的人比较盲目，不懂得审时度势，对事物的发展没有深刻认识，而真正成功的人，却能够透过表象看本质，冷静思考，且理智行动是他们一贯的做法。

每个人的人生之路都不会是平坦的，也正是因为其中存在的波折，才让我们养成了淡定从容的好心态。因此，无论你面对的是什么情况，都不要惊慌，人类的智慧是无穷的。先冷静思考，分析缘由，再理智行动，最终，一切必将化险为夷！

第七章
宽容——你的世界因为包容而美丽

生活如海，宽容作舟，泛舟于海，方知海之宽阔；生活如山，宽容为径，循径登山，方知山之高大；生活如歌，宽容是曲，和曲而歌，方知歌之动听。多一些宽容，也就多了一分理解，多了一分信任，多了一分关爱！只要用心理解，用心包容，你就会惊喜地发现，生活中因为有了宽容而变得更加美妙，人生因为有了宽容而变得更加充实，世界因为有了宽容而变得更加精彩。

宽容是一种崇高的境界

一个在生活中能够迎接和承受各种人生际遇的人，绝对不会是什么平庸之辈，他可能会有忧郁的时候，但灵魂绝对不会被恼人的黑云永远覆盖。他也许会为了成功而兴奋，但绝对不会在得意中迷失了自我。这种人通常都拥有大度的气量，不但能包容敌人的过错，原谅朋友的失误，还能承受住自己得到的任何打击。

青蛙坐井观天，结果封闭了自己的视线，如果我们也像它一样，必然会固步自封，没有任何发展。而一旦我们拥有并且放大了承受的胸怀，就一定会发现眼前是一个全新而又闪亮的世界。能够勇敢地去包容、去承受的人，其人生路上的步伐往往会显得非常沉稳，他们的世界也往往是宽广、阔大、迷人的。

面对这千姿百态的世界，我们需要有一种承受的气度和包容的境界。承受是一种始终清醒的看待生命的理念，是一种对生活的坦然接纳；包容则是一种关乎前途发展的自我蓄积，是为实现自我而收敛的一种藏拙。

印度有一个师傅收了个徒弟，然而由于那个徒弟慧根尚浅，总是抱怨这、抱怨那，师傅感到很厌烦。于是一天早上他就派徒弟去食品店里取一些食盐回来。徒弟很不情愿，虽然纳闷，但他还是去了。当这位徒弟把盐取回来之后,师傅就让他把盐倒进水杯里喝下去,并问他喝了之后感觉如何。

徒弟喝下去不到一秒钟,就全吐了出来,嚷道:"咸死了,咸死了。"

师傅笑了,让徒弟带着一些盐去湖边,徒弟很迷惑地跟着去了。

他们一路上什么也没有说,默默地走到了湖边。

到湖边之后,师傅让徒弟把盐撒进湖水里,然后让他喝点湖水,徒弟照着师傅说的做了,师傅问道:"现在你喝到的水是什么味道的?"

徒弟很高兴地说:"很清凉、甘甜,很好喝呢。"

师傅又问道:"那你尝到咸味了么?"

徒弟摇摇头:"没有呀。"

师傅笑笑,拍拍身边的草地让这个总是怨天尤人的徒弟坐下来,然后握着他的手,语重心长地对他说道:"我们的心里能承受痛苦的大小决定了你痛苦的程度,佛告诉我们要六根清净,就是不想我们被太多的俗事牵绊。如果你还是感到痛苦的话,就把你的内心放大一些,让它变成一个湖。"

就像这位师傅说的,只有用一颗包容的心,去包容那些人生中的各种变故和打击,我们的人生才有幸福可言。对于人生中的那些幸福与苦难而言,假如没有能够超越自我的气概和善于内省的精神品质,就不可能在苦难来临的时候依旧保持一个淡然沉稳的自我;假如没有对世事人情的彻悟、了然,拥有一个洒脱自守的生命情怀,就不会在幸福的包围之中仍然保持一个恬然自如的心境。

只有放开心胸,勇敢地去包容、去承受,人生的境遇才能美丽与苦涩并存,人生的滋味——酸甜苦辣,才能一个都不会少。放大自己的胸怀,去包容生活中各种不平和的是是非非,才会显得我们拥有良好的修养和博大的人格魅力。

宽容不仅仅是一种大度,一种风格,还是一种气量,一种境界,是一种海纳百川的智者情怀,"君子坦荡荡,小人常戚戚",但凡拥有宽容心境的人，其心中必然是朗煦和风，清风明月，全无半点瑕疵、晦暗的东西。只有愿意包容、原谅别人的失误，我们才能达到一种仁者的境界。生活中总是充满了矛盾，忍一忍，就会风平浪静，退一步，就是海阔天空，因此，我们要想坦然自若地存活在这个世界上，就一定要努力要求自己达到能够包容他人的境界。

超然者，举重若轻，聪慧者，拿大放小，博大者，虚怀若谷，宽容者，与人为善。多一分宽容，就会少一分狭隘，多一分坦荡；多一分宽容，就会少一分烦恼，多一分宁静；多一分宽容，就会少一分怨气，多一分人气。佛家常说：宽容不仅仅是一种修养，更是一种境界。

用宽恕"消灭"敌人

世界上只有一种人能够做到没有永远的敌人，那就是懂得宽恕之道的人。宽恕就是这样一种比天空更宽阔的胸怀，它能够化解世界上最顽固的敌意和最强烈的仇恨。

在《六度集经》中记载了这样一个故事：

长寿王仁民爱物、慈悲为怀，其国境内风调雨顺、财富民丰，却也因此引来邻国贪王的觊觎，出兵侵夺。获悉敌军打压的长寿王，不愿意为了保卫自己的王位而殃及索然无辜的百姓，于是就决定舍弃王位，与儿子长生相偕遁隐山林。贪王不费吹灰之力就拥有了长寿的国土，但他还是不肯放过长寿王，就重金悬赏捉拿长寿王父子。长寿王为了义助远来依投的梵志，自愿舍身，让梵志获得赏金，便被贪王所捕。残暴的贪王故意在长寿王国都通衢上，公然焚烧长寿王，以逞己能，警示民众。

临死前，长寿王看到儿子伪装成樵夫，混杂在人群中双眼冒着怒火，满怀仇恨地盯着贪王。长寿王便大声说："希望我的儿子能以仁为诚，以德报怨，不要为我报仇。"虽然听到了父亲的遗言，但父亲惨死、国土沦丧的深仇大恨，还是令年轻的王子一心只想报仇。于是他利用在大臣家当仆役的机会，设法获得贪王的赏识，进而成为贪王的贴身护卫。

在一次伴随贪王出猎的途中，长生设法让贪王脱离随扈，在山林间迷了路。筋疲力尽的贪王将随身的佩剑卸下，交给他信任的长生保管，自己躺下来休息。在贪王熟睡之时，长生拔剑欲杀贪王，但忽然想起了父亲长寿王的遗言，他一时犹豫起来。这时贪王突然从梦中惊醒，说："我梦见长寿王的儿子要杀我，怎么办？"长生安慰他说："大王不必惊惶，我在这里护卫你呢。"等贪王再度安危入睡，如是者三，长生终于决定尊重父亲的遗言原谅贪王，便主动向贪王表明真实身份，并且说："你快将我杀了吧，免得我报仇的念头又死灰复燃。"震惊的贪王被长寿王父子宽容的仁德所深深感动，当下幡然悔悟，自愧如豺狼，于是将国土归还长生，两国结为兄弟之邦。贪王自己也开始像长寿王一样善待人民，不再像从前那些残暴了。

正如圣严法师所说的："慈悲没有敌人，智慧没有烦恼。"真正的宽容来自博大的胸襟，来自爱人如己的智慧。虽然我们可能做不到长寿王父子那样伟大，但是至少在日常生活里，当别人以恶劣的态度相向时，我们能忍耐一时之气，以宽容去对待他，以理智来处理问题。

我们可能在日常生活中看到过这样的人，或是自己也经历过这样的事：亲朋好友之间因为一句闲话而争得面红耳赤，竟形同陌路；邻里之间因为孩子打架而导致大人吵嘴，老死不相往来；夫妻之间因为琐事而同室操戈，劳燕分飞；父子之间因为家事而意见不合，最后横眉冷对……

其实很多时候，这样的事情都会两败俱伤的，彼此都会感觉身心疲惫。容忍宽恕别人，同样也是在善待自己。就像有人说的，我们的心如同一个容器，当爱越来越多的时候，仇恨就会被挤出去，只要用宽容心来不断充实自己，那么怨恨自然就没有容身之处了。

生活需要宽容。在生活中每个人都会有不如意和失败的时候，当你的面前出现了竭尽全力仍难以逾越的屏障时，请别忘了：宽容是一片宽广而浩瀚的海，包容了一切，也能化解了一切，会带着你跟随着它一起浩浩荡荡向前奔涌。

林肯总统对政敌素以宽容著称，后来终于引起一议员的不满，议员说："你不应该试图和那些人交朋友，而应该消灭他们。"林肯微笑着回答："当他们变成我的朋友，难道我不正是在消灭我的敌人吗？"一语中的，多一些宽容，公开的对手或许就是我们潜在的朋友。

有位妇人同邻居发生纠纷，邻居为了报复她，趁夜偷偷地放了一个骨灰盒在她的门前。第二天清晨，当妇人打开房门的时候，她被深深地震惊了。她并非感到气愤，而是感到了仇恨的可怕。是啊，多么可怕的仇恨，它竟然衍生出如此恶毒的诅咒！竟然想置人于死地而后快！妇人在深思之余，决定用宽恕去化解仇恨。于是，她种了一盆漂亮的花，也是趁夜放在了邻居的门口。又一个清晨到来了，邻居刚打开房门，一缕清香扑面而来，妇人正站在自家门前向他善意地微笑着，邻居也笑了。一场纠纷就这样烟消云散，他们又和好如初。

人非圣贤，孰能无过。妇人既然同邻居发生纠纷，说明她并非完美之人；但她的可贵之处就在于，她懂得省察自己，并能主动用宽容去消除仇恨。宽容与惩罚是截然相反的，而就其达到的目的来看，宽容起到的作用往往胜于惩罚的结果。

宽恕是一种仁爱的光芒、无上的福分，是对别人的释怀，也是对自己的善待。一个人的胸怀能容得下多少人，才能够赢得多少人。宽容不受约束，它像天上下的细雨滋润大地，带来双重祝福：祝福施予者，也祝福被施予者。

宽恕中包含着人生的大道至理。宽恕是一种品性，也是一种能力；宽恕是深藏爱心的体谅，是对生命的洞见。宽恕不仅是一种雅量、文明、胸怀，更是一种人生的境界。宽恕是忍，宽恕了别人就等于宽容了自己，宽恕的同时，也创造出了生命的美丽。宽容是美德，是高尚的觉悟与情操，把敌人"宽容"成为朋友的结果是：消灭了一个敌人，多了一个朋友。

不要把仇恨放在自己的心上

仇恨在一个人身上燃烧多久,就会把他和恨的人绑在一起多久,那个人的一举一动都成了心中的障碍和束缚。一个怀恨在心的人总是认为自己恨得很有理,恨得公正,认为不可能恨一个他认为好的东西。但渐渐地,这恨就会把他占为己有。别以为宣泄仇恨和不屑的同时可以撇清自己。其实在恶语出口的那一霎那,被玷污的首先是自己。

如果我们希望获得永恒的快乐,就必须培养自己的思想,以有趣的思想和点子装满自己的心。有这么一个童话故事,主人公是一只小猫和一只小狗:

星期天的早上,天气格外晴朗,一只顽皮的小狗和一只可爱的小猫在后院玩耍,突然它们争吵起来,首先是小猫的叫骂声,小狗也不甘示弱,紧紧咬住小猫的尾巴,小猫的尾巴被咬断了。

从此,这只猫就再也没有尾巴了,它和小狗也成了仇人,可小猫的实力实在比不过小狗,也只能将憎恨埋藏在心里。

几天过后,小狗觉得很孤独,于是很想主动去找小猫承认错误,可主动去找小猫,它又实在拉不下面子,最后想到写信的办法。于是它赶紧拿出笔和纸,在信上歪歪扭扭地写到:

亲爱的小猫妹妹：你好！

上回的事对不起，希望我们不要为这件事太计较，我们和好吧！不要做仇人了！希望你能答应，不要生气了！对不起……

你的朋友：小狗

这封信被小狗装扮得十分精美，还画了一副漫画。它把这封信寄出去后心里就舒坦多了，没几天，回信就来了，上面整整齐齐地写道：

亲爱的小狗哥哥：你好！上次发生的事情已经过了那么久了，我早就忘了它，我正准备给你写信的，让我们和好如初吧！相信友情是最可贵的。

你可爱的：小猫

这封信写得整整齐齐，漂漂亮亮，让人看了爱不释手。小狗看了这段话非常感动，小猫的这种将友情放在心上，将仇恨放在一旁的精神让人佩服，小狗渐渐地感受到了这种友情的可贵。

以后的每个日子，你都可以听到一片片欢笑声——"喵喵"……"汪汪"……

其实在生活中，我们也会遇到类似的事情，甚至是比这更严重的事情。但是，只要我们放开心中的仇恨，得到的就一定不会是痛苦与烦恼。

身处社会之中，接触到各种各样的人，遇到委屈是常有的事。但是，遇到委屈之后要怎么反应，就是一门需要耗费时间和耐心来学习的大学问了。

在遭到别人无端指责的时候，要相信自己，只要没做亏心事，不怕半夜鬼叫门，更不怕人们猜疑的眼光和闲言碎语。也许人们永远无法将某件具体的事情弄个水落石出，但随着时间的推移，大家在与你的交往中会渐渐认识你的人品，对你的为人也会越来越了解。这样，那些猜忌、怀疑、误解、谣言都将不攻自破。

有些事情，既然已经来了，就不要怕它。你应该和自己较较劲，好好地活着，快快乐乐地生存着，睁大眼睛看着厄运怎样在你面前退却。要相信自己的家人和朋友，在遇到不平的时候，可以向他们倾诉心中的不快。古人说，暗极则光。人在最失望或是最绝望时，其实离希望并不遥远，关键在于要顽强地坚持下去。

生活是严峻的，生活中有真善美，也有假恶丑，受到一些伤害是难免的。要想保护好自己，关键在于你以怎样的生活态度和心理来对待生活。如果你很坚强，假恶丑的东西就没有存在的空间。有位朋友对小仲马说："我在外面听到许多不利于你父亲大仲马的传言。"小仲马摆出一副无所谓的样子回答："这种事情不必去管它。我的父亲很伟大，就像是一条波涛汹涌的大江。你想想看，如果有人对着江水小便，那根本无伤大雅，不是吗？"

听到别人的流言飞语，再三客观地分析、判断之后，只要认为自己的做法合理，站得住脚，那么大可以坚持到底，不必妥协。

美国前总统林肯幼年曾在一家杂货店打工。一次因为顾客的钱被前一位顾客拿走，顾客与林肯发生争执。杂货店的老板为此开除了林肯，老板说："我必须开除你，因为你令顾客对我们店的服务不满意，那么我们将失去许多生意，我们应该学会宽恕顾客的错误，顾客就是我们的上帝。"在许多年后，林肯当上了总统。做了总统后的林肯说，"我应该感谢杂货店的老板，是他让我明白了宽恕是多么的重要。"

后来林肯当选为美国的第16任总统，他曾经就那些刻薄的指责写过一段话，后来的英国首相丘吉尔把这段话裱挂在自己的书房里。林肯是这样说的："对于所有攻击的言论，假如回答的时间大大超过研究的时间，我们恐怕要关门大吉了。我竭尽所能，做我认为最好的，而且我一定会持续直到终了。假如结局证明我是对的，那些反对的言论便不用计较；假如结局证明我是错的，那么，纵有十个天使替我辩护，也是枉然啊！"

其实，做人就应如此，益则收，害则弃。对于正确的批评，我们应该欢迎，哪怕言辞激烈；但对于纯属恶意的人身攻击、诽谤、诋毁、中伤，我们如果不想被它所害，那就只有不去理会，坚持走自己的路就行了。

在生活中，我们对别人的任何反应都是自己的一面镜子。当我们在别人身上看到自己无法接受的一面时，就等于告诉自己，那正是我们不愿意接受自己的部分。凡是别人无法满足我们自己所期待的，无异于提醒我们，那正是我们所必须给予自己的。

宽恕别人，就是解放自己，还心灵一份纯静。宽恕别人对我们来说并不困难，却也不容易。关键的是，心灵是如何的选择。当一个人选择了仇恨，那么他将在黑暗中度过余生；而一个人选择了宽恕的话，那么他能将阳光洒向大地。仇恨只能永远让我们的心灵生活在黑暗之中；而宽恕，却能让我们的心灵获得自由，获得解放。宽恕别人，可以让生活更轻松愉快。宽恕别人，可以让我们有更多的朋友。

不要把精力虚耗在抱怨上

"虽然我看不见太阳,但我可以感受阳光的温暖;虽然我看不见大海,但我可以倾听海浪的声音。"当一位盲人对你说出这样的话语时,你心中会有怎样的感受?如此豁达的话语,如此乐观的心态,不得不让人折服。没有一丝的抱怨,没有一丝的颓废,有的只是自信和乐观。他对生活充满了信心,充满了向往。生活是美好的,不是吗?看不到太阳,不要紧,你可以享受它的温暖;看不到大海,也不要紧,你可以倾听它的声音。既然如此,我们还有什么好抱怨的呢?当你打破杯子的时候,不要抱怨,想想,幸好你打破的只是杯子,而不是更贵重的东西;当你打破更贵重的东西时,不要抱怨,想想,幸好只是打破东西,并没有弄伤自己;当你弄伤自己时,更不要抱怨,想想,幸好你只是弄伤自己,并没有弄丢你的命。换一个角度,换一种思维,你会发现,原来退一步,就可以海阔天空。

一头老驴,掉到了一个废弃的陷阱里,很深,根本爬不上来,主人看它是老驴,懒得去救它了,让它在那里自生自灭。老驴一开始也放弃了求生的希望。每天还不断地有人往陷阱里面倒垃圾,按理说老驴应该很生气,抱怨自己倒霉掉到了陷阱里,他的主人不要他,就算死也不让它死得舒服点,每天还有那么多垃圾扔在它旁边。可是有一天,它决定改变它的态度，它每天都把垃圾踩到自己的脚下，从垃圾中找到残羹来维持自己的生命，而不是被垃圾所淹没，终于有一天，它重新回到了地面上。

不要抱怨你的专业不好，不要抱怨你的学校不好，不要抱怨你住在破宿舍里，不要抱怨你的男人穷你的女人丑，不要抱怨你没有一个好爸爸，不要抱怨你的工作差、工资少，不要抱怨你空怀一身绝技没人赏识你，现实有太多的不如意，就算生活给你的是垃圾，你同样能把垃圾踩在脚底下，登上世界之巅。这个世界只在乎你到达的高度，而不在乎你是踩在巨人的肩膀上上去的，还是踩在垃圾上上去的。

抱怨的人不见得不善良，但常常不受欢迎。他们以为自己经历了世界上最大的困难，却忘记了听他抱怨的人也有这些经历。

抱怨不可取在于：你抱怨，等于你往自己的鞋子里倒水，使行路更难。困难是一回事，抱怨是另外一回事。抱怨的人认为自己是强者，认为自己怀才不遇，社会太不公平。抱怨不同于坦然承认失败。敢于承认失败的人，会赢得别人的尊重，人们如同看到一个伤痕累累、神色平静的勇士，如同英雄。而抱怨的人气急败坏，反而得不到别人的同情。

人们之所以倾心于那些乐观的人，是倾心于他们表现出的超然。生活需要的信心、勇气和信仰，乐观的人都具备。他们在自己获益的同时，又感染着别人。乐观也包括豁达，坚韧，让人觉得困难从来不是生活的障碍，而是勇气的陪衬，和乐观的人在一起，自己也得到了快乐。

许多人都抱怨过处境的艰难，发现无济于事之后便沉默了，甚至停滞不前。抱怨丧失的不仅是勇气，还会失去朋友。谁都恐惧牢骚满腹的人，怕自己也受到传染，失去勇气和朋友，人生会变得更难。他们不知道，人生有许多方法可以克服困难，摒弃抱怨是其中妙谛之一。

人有一种心态，叫做习惯心理。做同类的事情，时间长了，就形成一种习惯，稍微不做，不仅仅是身体上不舒服，更重要的是心理不舒服。比如喝酒，抽烟，打牌，最明显的就是吸毒，心瘾难戒。有人说，吸毒最初很痛快，上了瘾之后，吸的时候没有感觉，不吸的时候感觉很难受。抱怨也是一样，抱怨的时候咬牙切齿，有一种痛并快乐的感觉，不过时间长了，不抱怨的时候也是难受，郁闷哪！从生理角度讲，发泄者大多吐苦水，胆汁下降，胆固醇和高血压一起上升。没有哪个人抱怨的时候真正是心情舒畅的。抱怨多了，前途一片迷茫，世界一片昏暗，大家都在阳光下，自己怎么就命苦呢？

孔子的学生司马牛有一天忧伤地说："别人都有兄弟，偏偏我没有！"

他的同学子夏就劝导他说："商闻之矣：死生有命，富贵在天。君子敬而无失，与人恭而有礼，四海之内，皆兄弟也。君子何患乎无兄弟也？"

子夏自称自己的名字叫"商"。他的话意思是说：既然死生、富贵这些事情都是天命所归，个人无法决定，也无法左右，那就要学会承认并且顺应。保持一颗诚敬的心，使自己的言行减少过失，对待他人充分尊重、谦恭有礼，就可以通过提高自身修养做到四海之内皆兄弟！

对命运的顺从，对自身的修养，这是一个不能改变和能够改变的辨证关系，容易改变的是我们的心态和自己，不能改变的，是世界的赋予。所以，我们首先要知道哪些能够改变，不能改变的，怎么去适应。

我们的眼睛，总是看外界太多，看心灵太少。与其这样，不如向前看。当一个不幸降临了，最好的办法就是让它尽快过去，这样你才会腾出更多的时间去做更有价值的事情，你才会活得更有效率，更有好心情。

人的精力有限，少一些抱怨的时候，看看有没有更多的发展和改变的机会，看看有没有要做好准备的机会。用有限的精力多吸收和学习一些有益处的信息，积蓄力量增加能力，多了一些机遇，也多了一些改变不幸命运的机会。永远牢记：不抱怨的世界很美丽，千万别把精力虚耗在抱怨上。

善待他人就是善待自己

生活中，难免会出现各种不快、摩擦和委屈，和人产生矛盾是常有的事。如果两个人之间谁也不肯妥协，而是针尖对麦芒的话，怨恨就会像一只气球一样，越鼓越大，最后会膨胀到让人无法控制的地步，直至爆炸。

面对生活中的怨恨与不愉快，我们只有不念旧恶，不计新怨，在应当宽容让人的时候就宽容待人。《宽容之心》的作者安德鲁·马修斯说："一只脚踩扁了紫罗兰，它却把香味留在那脚跟上，这就是宽恕。"话很简单，却异常启人心智。

著名的石油大亨洛克菲勒在年轻的时候也是一个一无所有的穷小子，就像当时许多年少无知的年轻人一样，到处流浪，得过且过。不过，在洛克菲勒的心里一直存有一个梦想，那就是期望自己有一天能够拥有一笔任由自己支配的巨大财富。

带着这个伟大的梦想，洛克菲勒四处流浪，有一次，他来到了一个很偏僻的小镇上并结识了镇长杰克逊先生。杰克逊先生已经年过五旬，他一直以来都生活在这个虽不繁华但是却令自己倍感亲切的小镇上。虽然他已经担任很多年的镇长了，但是镇上的人们好像不约而同地都忘了选举新的镇长一样，从来没有人会质疑：为什么杰克逊会是镇长？

事实上，杰克逊也确实是担任镇长的最佳人选，他性格开朗、为人热情，而且更为重要的是，他有一颗善良博大的心。不论是镇上的原始居民，还是来到镇子上的任何一个人，凡是和杰克逊有过一定接触的人，都会深深地感受到杰克逊的善良和热情，同时自己在待人接物方面也会受到他的影响。

洛克菲勒租住的小旅馆离杰克逊镇长的家非常近。甚至每当洛克菲勒站到旅馆旁的大门前向远方遥望时，都会清晰地看到镇长家门口那片井井有条、长满各色鲜花的花圃。热情的杰克逊镇长每次遇到洛克菲勒时，都会停下忙碌的脚步问这个独在异乡的年轻人有什么需要帮忙的地方。当洛克菲勒需要一些生活用品时，热情的镇长夫人总是会十分高兴地给予帮助，而且镇长还会时不时地让女儿为洛克菲勒送去一些妻子做的可口点心。

洛克菲勒在这个小镇上住了一段时间后感到自己一无所获，于是他决定过几天就离开这个小镇，但在离开之前，他要特别感谢杰克逊镇长一家给予他的无微不至的关照。然而就在他准备向镇长告别那几天，小镇上迎来了连续的阴雨天气，于是洛克菲勒不得不继续停留在这里，同时他也在心里咒骂着这该死的鬼天气。

连绵的阴雨天气总是讨人嫌的，淅淅沥沥的小雨时断时续，每当雨停的时候，洛克菲勒都会走出旅馆的大门——实际上洛克菲勒就住在杰克逊家的斜对面，看看镇长家门前因经雨露滋润而更感娇艳的花朵。这天，当他走出旅馆大门的时候，发现来来往往的人群已经把镇长家门前的花圃踩得不成样子了。洛克菲勒为此感到非常的气愤，他真为镇长和这些花朵感到惋惜，于是他站在那里指责那些路人的行为。

可是第二天，路人依旧踩踏镇长家门前那片可怜的花朵。第三天，镇长拿着一袋煤渣和一把铁锹来到了泥泞的道路上，他用铁锹把袋子里的煤渣一点一点地铺到了路上。一开始洛克菲勒对镇长的行为感到不解，他不知道镇长为什么要替这些践踏自己家花圃的路人铺平道路。可是很快他就明白了镇长的苦心，原来有了铺好煤渣的道路，那些路人再也不用踩着花圃走过泥泞的道路了。

虽然洛克菲勒最后还是离开了这个小镇，但是他知道，自己再也不是一无所获地离开了，他带着镇长杰克逊告诉自己的一句话从从容容地踏上了追求梦想的道路，那句话就是"善待别人就是善待自己"。一直到成为闻名于全美的石油大王，洛克菲勒依然牢牢地将这句话铭记在心中。

没错，善待别人就是善待自己。那些自私的人不愿意对别人付出任何关爱，因此他们永远不会体会到来自他人的友情和温暖；而那些拥有宽容胸怀的人则终生都生活在关爱与幸福之中，这些温暖与快乐不单单来自于别人，也来自于他们自己。

在与敌人一场激烈的战斗中，一个上尉突然发现一架敌机向阵地俯冲下来，照常理，这时的人必须要立即卧倒，然而上尉在准备卧倒的一瞬间，发现离他四五米远的一个小战士还站在那儿。上尉顾不得多想，一个鱼跃飞身将小战士紧紧地压在了身下，此时一声巨响，飞溅起来的泥土纷纷落在他们的身上。上尉拍拍身上的尘土，抬头一看，顿时惊呆了：原来刚刚他自己所在的位置被炸出了一个大坑。

故事中的小战士是幸运的，但更加幸运的是那个上尉，因为他在帮助别人的同时也帮助了自己。在人生的每一个阶段中，我们总会遇到形形色色的人和事，但我们往往没有想到，有时候搬开别人面前的绊脚石，恰恰就是为自己铺就了一条新的道路。

送人玫瑰手留余香，善待别人就是善待自己。有一位哲人说过一句耐人寻味的话："人生的每一次付出，就像在空谷当中的喊话，你没有必要期望要谁听到，但那绵长悠远的回音，就是生活对你的最好回报。"我们要时刻拥有一颗包容之心，永远记着善待他人。

宽容换来内心豁达

每个人都想超过别人,这是人的一种正常心理,本无可厚非。但是,有些人在超过不了别人的时候,产生了一种由羞愧、愤怒、怨恨等组成的复杂情感,这就是嫉妒。嫉妒一经产生,它便成了纷扰的源泉:看到别人成功了,就生气、难过、闹别扭;听说别人强于自己,就四处散布谣言,诋毁别人的成绩;发现几个人亲如家人,就想方设法去施"离间计",等等。这样的嫉妒不仅妨碍了他人的生活,而且自食其果,给自己带来极大的心理痛苦。

结合每一个人的实际情况,怀有一颗包容的心,是消除和化解嫉妒心理的直接对策。

伯特兰·罗素是20世纪声誉卓著,影响深远的思想家之一,1950年诺贝尔文学奖获得者。他在其《快乐哲学》一书中谈到嫉妒时说:"嫉妒尽管是一种罪恶,它的作用尽管可怕,但并非完全是一个恶魔。它的一部分是一种英雄式的痛苦的表现;人们在黑夜里盲目地摸索,也许走向一个更好的归宿,也许只是走向死亡与毁灭。要摆脱这种绝望,寻找康庄大道,文明人必须像他扩展他的大脑一样,扩展他的心胸。他必须学会超越自我,在超越自我的过程中,学得像宇宙万物那样逍遥自在。"

在美国一个市场里，有一位中国女人的摊位生意特别好，引起了其他摊贩的嫉妒，大家常有意无意地把垃圾扫到她的店门口。这个中国女人只是宽厚地笑笑，不予计较，反而把垃圾都清扫到自己的角落。旁边卖菜的墨西哥妇人观察了她好几天，忍不住问道："大家都把垃圾扫到你这里来，你为什么不生气？"

中国女人平静地回答："在我们国家，过年时候，都会把垃圾往家里扫，垃圾越多就代表会赚越多的钱。现在每天都有人送钱到我这里来，我怎么舍得拒绝呢？你看我的生意不是越来越好了吗？"她的宽容、大度让那些捉弄过她的摊贩暗自惭愧不已，从此，那些垃圾再也没有出现过。她也渐渐成了市场里最受欢迎的人。

这个中国女人用一颗宽容的心，巧妙地将别人的"嫉妒"化作美好的祝福。她用智慧宽恕了别人，更赢得了大家的敬重，同时，也为自己创造了一个融洽的人际环境。如果当时她带着怒气选择"报仇"和所谓的敌人"针锋相对"，又会怎样呢？结果可想而知。

在现实生活中，人与人之间的矛盾，摩擦是不可避免的，但你大可不必将它们看得如此严重，动辄便上升到仇恨的地步。"有仇不报才是真君子"，多一份宽容，多一份爱心，我们的生活才会多一点温暖，多一些阳光。

喜剧女演员卡洛·柏妮，有一次坐在餐厅里用午餐。这时，有一位老妇人走向她的餐桌，举起手来摸摸卡洛的脸庞。当她的手指滑过卡洛的五官时，还带着歉意说："我看不出有多好看。"

"省省你的祝福吧！"卡洛说，"我看起来并没有多好看。"

素不相识而摸别人的脸庞，是绝对的无礼；当她假装抱歉，其实是大发醋意时，这位老妇人对年轻漂亮女人的妒忌几乎发展成了一种带有恶意的尖刻。可以设想一下，如果她面对的是一个与她一样放肆无礼而又心胸狭窄的人，人们也许将会目击一场争斗。

可是，作为喜剧演员的卡洛·柏妮深深理解喜剧与闹剧的差异。所以，她神情自若，先把老妇人带有攻击意味的贬低说成是"祝福"，并请她停止"祝福"。然后，坦然地承认自己没多好看，讽刺对方，而又嘲笑自己。在粗鲁和蛮横的侵犯面前，保住了自己的尊严，同时又表现出一种豁然大度的宽容厚道之气魄，从而在精神上战胜了对方。引人发笑的成分不少，让人起敬的成分更多。

快乐之心药可以治疗嫉妒。要善于从生活中寻找快乐，就像嫉妒者随时随处为自己寻找痛苦一样。如果一个人总是想：比起别人可能得到的欢乐来，我的那一点快乐算得了什么呢？那么他就会永远陷于痛苦之中，陷于嫉妒之中。快乐是一种情绪心理，嫉妒也是一种情绪心理。何种情绪心理占据主导地位，主要靠自我来调整。

少一份虚荣就少一份嫉妒心。虚荣心是一种扭曲了的自尊心。自尊心追求的是真实的荣誉，而虚荣心追求的是虚假的荣誉。对于嫉妒心理来说，它的要面子，不愿意别人超过自己，以贬低别人来抬高自己，正是一种虚荣，一种空虚心理的需要。单纯的虚荣心与嫉妒心理相比，还是比较好克服的。而二者又紧密相连，相依为命。所以克服一份虚荣心就少一分嫉妒。

自我抑制，是治疗嫉妒心理的苦药；自我宣泄，是治疗嫉妒心理的特效药。在这种宣泄还仅仅是处于出气解恨阶段时，最好能找一个较知心的朋友，或亲友，痛痛快快地说个够，暂求心理的平衡，然后由亲友适时地进行一番开导。虽不能从根本上克服嫉妒心理，但却能中断这种情绪朝着更深的程度发展。如有一定的爱好，则可借助各种业余爱好来宣泄和疏导，如唱歌、跳舞、书画、下棋、旅游等等。

世上有无数的人在等待别人的宽容，宽容别人就是解放自己。我们远离嫉妒和怨恨，就是远离痛苦、心碎、绝望、愤怒和伤害。宽恕别人的过错，宽容别人的无意冒犯，宽恕别人的缺点与不足，同时也就宽恕了我们自己。

宽容给自己带来广阔天空

宽容是理解和尊重的体现,是修养和美德的象征,代表着关心,蕴含着信任。它不仅能够感化别人,同时也会为自己赢得广阔的空间。

在人生的道路上,我们总会遇到曲曲折折、坎坎坷坷。灿烂的阳光下,也有阴暗的角落;和风日丽的天空,也会有乌云飘来的时候;巨轮航行在大海上,经常会遇到狂风恶浪的挑战;车辆奔驰在大地上,经常有高山大河的阻碍;在人与人相处的过程中,也会遇到形形色色的人,或善解人意、知书达理;或心胸狭窄、蛮不讲理;或愤世嫉俗、感情用事;或宽容大度、冷静沉着。

宽容是一种博大的胸怀,是一种崇高的美德。

公共汽车上人多,一位女士无意间踩到了一位男士的脚,便赶紧红着脸道歉说:"对不起,踩着您了。"不料男士笑了笑:"不不,应该由我来说对不起,我的脚长得也太不苗条了。"哄的一声,车厢里立刻响起了一片笑声,显然,这是对优雅风趣的男士的赞美。而且,身临其境的人们也不会怀疑,这美丽的宽容将会给女士留下一个永远难忘的美好印象。

一位女士不小心摔倒在一家整洁的铺着木板的商店里,手中的奶油蛋糕弄脏了商店的地板,便歉意地向老板笑笑,不料老板却说:"真对不起,我代表我们的地板向您致歉,它太喜欢吃您的蛋糕了!"于是女士笑了,笑得挺灿烂。而且，既然老板的热心打动了她，她也就立刻下决心"投桃报李"，买了好几样东西后才离开了这里。

这就是宽容——它甜美、温馨、亲切！宽容不仅给别人带来了快乐，也为自己赢得了更广阔的空间。

宽容本身也是一种沟通、一种美德。假如生活中，我们受到了不公正待遇或自己身边的人做错了什么，千万不要生气愤怒，而应学会宽容。生气愤怒是人类最坏的毛病之一，它是在用别人的过错惩罚自己，是一种徒劳的、于己于人无益的活动。

然而，要想做到宽容并不容易，需要有广阔的胸襟。当你的真诚被视作幼稚，你的勇敢被视作鲁莽，你的灵活被视作滑头，你的让步被视作软弱，你的慎重被视作保守，你的赞美被视作讽刺……你怎么办？凄凄惨惨地躲起来哭？哭不能改变别人的看法，伤心的还是自己；喋喋不休地为自己申辩？那只能成为人们的笑料；羞羞答答地按照别人的看法来改变自己？那更会使自己失去自信，失去自我。在没有被理解的地方，会激发出自尊的力量。不要乞求理解。不求理解，你就没有不被理解的烦恼；不求理解，你才有更加坦荡的胸怀和义无反顾的勇气。只有学会宽容，能够容纳不同的意见，让风和雨交织在一起，才能看到美丽的彩虹；让爱和恨缠绕在一起，才懂得真情的可贵；把赞美和批评留在心底，才能够塑造完整的自我，保持自己的良好品性。

人与人之间需要宽容、需要理解。宽容是催化剂，可以消除隔阂，减少误会，化解矛盾；宽容是润滑剂，能调节关系，减少摩擦，避免碰撞；宽容是清新剂，会令人感到舒适，感到温馨，感到自信，感到世界的美。一个微笑、一个拥抱往往是宽容的肢体语言，但宽容在更深层次上，是一种心态、一种价值观、一种理念。

有容乃大，是时代最珍贵的人性品格，是时代成功者必须锻造的一种人性。宽容是以宽阔的胸襟容纳各种智慧，是辉映创造性的文化品格。宽容是一种与人相处的素质，一种时代崇尚的品德，更是吸纳他人长处，充实自我，创造自我价值的良好思维品质。

利比里亚的女总统瑟利夫，在未当上总统之前，由于政变等原因，曾经三次流亡几内亚。每一次走在流亡的路上，她都在想，有朝一日必将卷土重来，搞垮她的政敌，使曾经让她饱尝艰辛的人也尝一尝颠沛流离的滋味。但一次不平凡的经历改变了她的想法。

那是13年前的事情了。那一天，当她带着她的随从靠近一个村落的时候，突然从一棵大树后响起枪声。训练有素的贴身护卫维撒猛地把她扑倒，她获救了，但这颗罪恶的子弹夺去了维撒年轻的生命。后来她才知道，开枪的是维撒的邻居，一个叫阿撒的小伙子。阿撒被她的对手收买，一直在伺机暗杀她。13年后，瑟利夫再次来到这个村庄，竟然发现维撒的妈妈去给阿撒的妈妈送粮食。她问维撒的妈妈为何要这样做，维撒的妈妈回答："阿撒逃走后，13年来杳无音信，阿撒独身的妈妈穷困潦倒，现在又病了，家里揭不开锅……"瑟利夫不禁提醒这位善良的老妈妈："他们不是我们的敌人吗？"老妈妈的回答再次让她吃惊："那都过去了，以怨报怨，只能增加更多的怨恨。"

那一刻，她被震撼了。老妈妈的话，深深地教育了她——以仇恨面对仇恨，对立的双方将永远无法摆脱仇恨。饱经战乱的利比里亚需要的不是仇恨，更不是战争，它需要的是宽恕！只有宽恕才能化解矛盾，只有宽恕才能消除隔阂，只有宽恕才能获得理解，也只有宽恕才能赢得支持。

从那以后，瑟利夫不但以宽恕的心态来面对过去的对手，而且号召人民忘掉仇恨，以宽容、和解治愈历史的创伤。瑟利夫的举动，赢得了利比里亚人民的理解和支持，并通过选举把她推上了总统宝座，使她成为非洲历史上第一位民选女总统。

瑟利夫正是凭借着对别人的宽容，赢得了利比里亚人民的理解和支持，最终成为一位有名的女总统。

宽容是一种博大的胸襟，在处事中对不同的观点或行为，要予以理解和包容。宽恕别人一时的过失，这样既能激励和感化对方，同时还能给自己带来一片广阔的天空。

第八章
创新——走出思维定势，开创新天地

在现实的生活中，人们处理事务时，时常会遇到瓶颈，这是由于人们只在同一角度停留造成的。如果能换一换视角，也就是换一面考虑问题，情况就会改观，创意就会变得有弹性。记住，任何创意只要能转换视角，就会有新意产生。走出思维定势，学会创新，才能从容应对我们身边的每一件事。

不能一味地死守规律

生活中我们常常有这样的体会：有些规律可以帮助我们为人处世，而有些规律却严重地束缚了我们的手脚，成为阻碍我们成功的障碍。这个时候，我们就要突破这些规律，这样我们才能到达成功的彼岸。

对于规律我们每个人都该守，但是切记不可死守。比如行走于马路上，很多人的目标都是一个相同的方向，上百个、甚至几千个人都从这条路走，在这时候你有没有想过，如果从另一条路出发说不定会比这条更快，虽然这条可能是条捷径，但是人流过多，只会影响速度，不是吗？我们做事就是这样，目标相当于成功，而马路则相当于我们所选择的规律。其实任何一个人所定的目标并不是只有一条路径，还有多种方法可以到达你的目标，完成你想要完成的事。这就是胜利者成功的秘诀——灵活多变。

灵活多变即思维敏捷、随机应变，对于疑难问题能提出较多的思维和见解。

著名的科学家彭加勒说：任何科学的创造都发端于选择。创造性思维中的突破不仅仅是为了使现存的体系危机四伏，而是为了导致突破和重新建构的有机统一。有人说创造是从无到有，引出一个新的对象世界。人的创造活动是受重新建构后的新思想体系指导。选择、突破和重新建构三者的统一，形成了创造性思维的本质过程。历史上伟大的发明家之所以能获得丰硕的创造成果，最关键的是他们善于在思维活动中重新建构，善于引出新的对象世界。这就是创新，如果总是墨守成规，那么世界就永远也不会有进步的。这些所体现的正是死守规律，不如没有规律。

一位大师带领几位徒弟参禅悟道。

徒弟说："师傅，我们听说你会很多法术，能不能让我们见识一下。"

师傅说："好吧。我就给你们露一手'移山大法'吧，我把对面那座山移过来。"

一个时辰过去了，对面的山仍在对面。徒弟们说："师傅，山怎么不过来呀？"

师傅不慌不忙地说："既然山不过来，那我就过去。"说着走到了对面的山后。

又一日，大师带领徒弟外出，被一条河挡住了去路。

师父问："这河上没有桥，我们怎么过去呢？"

有弟子说："我们蹚水过去。"师父摇头。

有弟子说："我们回去吧。"师父仍摇头。

众弟子不解，请教大师。

大师说："蹚水过去，衣衫必湿，水深则有性命之忧，不可取，转身回去，虽能保平安，但目的未达，也不可取。最好的办法是顺着河边走，总会找到小桥的。"

"不过来我就过去"和"没有桥就顺河走"揭示了同一个道理：当我们做一件的时候，我所用一种方法没有达到它该有的效果时，就应该换一种方法去做，换一种角度去思考。做人应该懂得灵活，而不是死守规律。就好比我们去爬山一样，也许我们无法改变路的方向，但我们可以自己可以给自己改变方向。一意孤行是成功的大敌，灵活多变才是成功的捷径。这样也是创新的一种表现。

历史是川流不息的，社会在不断地发展，时代在不断地更新。过去的一切经历只能代表过去，如果没有灵活性，就容易脱离实际，远离成功。因为明天的世界并非是今天的延续。在竞争激烈的市场环境中，只有不断开拓创新，才能让自己的人生更加的精彩。死守规律，最终迎接你的只会是失败。

如果一个人工作踏实、努力，但却缺乏激情，默守成规、机械地工作着，没有创新，随时都有被淘汰的可能。因此，你应该避免死守规律，多一些灵活，多一些创新，将你的工作做得更加的出色。只有这样你才能得到上级认可、提拔，并从中得到快乐。

死守规律不如没有规律。每一个人的命运操纵在自己手中，你在做事的时候懂得变通，那么成功就会跟着你走。所以，如果想要你的生命变得更加灿烂，首先要做的第一件事是改变你的旧的迂腐的观念，跟上时代的步伐。

不能跟在别人后面走

创新，对于企业来说是一种生存的活力，对于一个人来说，是走向成功的动力与方向。对于成大事的人来说，是一种必不可少的"手段"。其实，大凡富有创新力的人，总会表现出一定的个性或风格，从一定意义上说，这种个性是创新力的基石之一。

何燕靠IC卡起家。当时，中国市场上所有的IC卡电话几乎全部是进口产品，市场份额最大者为西门子，人们以为IC卡市场没有中国的地盘。

几位成都电子科技大学的电子技术研究人员却不甘认输，他们捕捉到IC卡技术的美好前景之后，想在完全没有资金，同时又非常缺乏市场营销战略人才的情况下将它产业化。

这时，毕业于南京邮电学院、深知这一科研成果巨大市场价值的何燕现身了。当时很多人阻止她，要她投资其他项目，认为这个项目没有发展前景，何燕不为所动，投入了50万元做启动资金，电子科大的科研小组负责全部技术问题，在电子科大租来的一间破旧教室里开始了研制工作，完成了资本与技术的结合。

他们经过创新，研发出了国内第一台技术领先的IC卡电话机，并通过了有关部门组织的科技成果鉴定。

何燕带着这部IC卡电话机来到邮电部，凭着过硬的质量和自信，一举获得了邮电部的认可。随后，成都国腾通讯有限责任公司成立，何燕担任总经理，独立承担了邮电部9528号重点科研项目，成功地研制出了中国第一台IC卡公用付费电话机，填补了国产IC卡电话机的空白。经过两年的奋斗，国腾公司获得了邮电部的入网许可证，并成为了国内同行业中获得邮电部入网许可证最多的企业。

在何燕的领导下，国腾公司在短短的两年多时间里，IC卡电话机累计销售量达20万台，销售收入10亿元。在全国，IC卡电话市场覆盖地区已达到12个省市，包括北京、山东、辽宁、吉林、重庆、河北、湖南、江西、四川、贵州、陕西、青海等地。2000年，在上述地区IC卡电话机销售量达7万台左右，国腾公司已占有国内IC卡电话30%的市场，产品还进入多个发展中国家，并积极准备向美国等发达国家进军。

按常理说，外国的IC卡电话机已经优先占领了市场，从科技开发来说，何燕的电话机晚了一步，但是她从逆向着手，成功地研制出了中国第一台IC卡公用付费电话机，填补了国内空白。而且她不仅不怕外国产品的竞争，相反，还利用科技优势积极准备杀个回马枪，并向外国发达国家进军。国腾公司已被各界关注，目前已跻身全国103家重点高新技术企业之列，并成为国家909集成电路设计中心之一。

一个人在做事时，往往会面临很激烈的竞争，尤其是你有志于在商界成就一番事业时，面对众多的大集团、大公司，要想在夹缝里生存，寻找发展壮大的机遇，没有一些好点子，不能想出别人没想到的奇招，没有创新，那只能预示着失败。如果我们局限于前人的经验，那么吃亏的必然是我们自己。

1957年，刚刚荣升台北市第十信用社董事会主席的蔡万春面色肃然，在台北的金融同行中，"十信"太渺小了，小到根本无人去理睬它——台北有的是信用良好、资金雄厚的大银行，稍有点名声的商家公司都把钱存放到他们那里去了。

蔡万春深知自己的实力不可与资金雄厚的大银行较量，但他又坚信：

大银行虽然财大气粗，但它不可能没有"薄弱"或"疏漏"之处，那些"薄弱"或"疏漏"之处就是"十信"的生存之地！

蔡万春在街头巷尾徜徉，与市民交谈，跟友人商榷，终于发现了各大银行不屑一顾的一个潜在大市场——向小型零散客户发展业务。

蔡万春大张旗鼓地推出1元钱开户的"幸福存款"。一连数日，街头、车站、酒楼前、商厦门口，到处都是手拿喇叭、殷殷切切、满腔热忱向人们宣传"1元钱开户"种种好处的"十信"职员，而令人眼花缭乱的各种宣传品更是满城飞。"十信"的宣传活动令金融同行们大笑不止，人人都在嘲讽蔡万春瞎胡闹——"1元钱开户"？连手续费还不够哩！

但是，精诚所至，金石为开，奇迹出现了：家庭主妇们、小商小贩们、学生们争先到"十信"来办理"幸福存款"，"十信"的门口竟然排起了存款的长队，而且势头长盛不衰。没过多久，"十信"即名扬台北市，存款额与日俱增。

迈出了成功的第一步，蔡万春信心倍增。"不能跟在别人后面走，要创新路！"

蔡万春经过仔细的观察、分析，又发现了一个大银行家没有涉足的市场——夜市，随着市场的繁荣，灯火辉煌的夜市不比"白市"逊色多少，而银行是不在夜晚营业的，蔡万春大胆推出夜间营业，台北市的各个阶层一致拍掌说好，许多商家专门为夜市在"十信"开户，"十信"誉满台北。

就这样，"十信"存款额涓涓细流汇成大海，很快发展成为一个拥有17家分社、10万社员、存款额达170亿新台币的大社，位列台湾信用合作社之首。

资金雄厚了，蔡万春又有了新打算。1962年，蔡万春访问日本，日本闹市区的一座又一座金融业的高楼大厦给他留下了深刻的印象，他觉得这些雄伟壮观的大厦不仅能令人难忘，更能给人一种坚实感、信任感。回到台北，蔡万春就不惜重金在繁华地段建起一幢幢高楼大厦。

原先讥笑过蔡万春的金融界同行又笑了。但是，他们还来不及将唇边的笑容收敛起来，就瞪大了眼睛："十信"的营业额呈直线上升，原先属于他们的那些客户，也一个一个地跑到"十信"去了。

后来"十信"跃居台湾金融业之首。蔡万春由"1元钱开户"起家，成了在台湾金融界举足轻重的金融巨子。

一个小小的创新点子，就可以在激烈的竞争中胜出，总是因循守旧地围着一个传统的模式转，是很难做到这一点的。要想开创出一片新的天地，就必须采取一些"反常"的策略。

成功的道路并非独木桥

常言道：条条大路通罗马。就是说，走向成功的路有千千万万条，如果这一条路不通，那么就换一条路，找一条适合自己的道路。是的，成功最重要的秘诀之一就是开拓创新。创新就是不与别人往同一条路上挤，而是另谋它路而行之，也许会达到殊途同归的目的，这样做事自己觉得轻松，别人看了也精彩。

有6只蜜蜂和6只苍蝇同时被关到一个透明的玻璃瓶中，然后将瓶口打开，瓶身朝下，瓶底朝有阳光的地方放置。开始时蜜蜂和苍蝇都积极地向着有阳光的地方飞去，但每次都撞到瓶底。后来苍蝇开始胡乱瞎撞，试图尝试所有可能的方向，而蜜蜂依旧一遍又一遍地撞向瓶底。不到两分钟，所有的苍蝇都成功地从背光的瓶口逃了出去，而蜜蜂还在向有阳光的瓶底撞去。

此路不通换条路，聪明的苍蝇正是果断地选择了放弃，另辟蹊径，才最终获得了自由。人生就像一条有着许多不同的侧面与角度的路，当你从正面突击自己的目标无果的时候，为何不从另一面进攻呢？与其从正面进攻被打得伤痕累累，生活变得浑浑噩噩，不如换个角度审视生活，迎接生活的另一个艳阳天。

正确的坚持是执着的表现，错误的坚持只能被称作固执。当我们发现此路不通的时候，没必要非得费尽心思砸出一条路，那样会让你推迟达到目标的时间，耗费了你的精力和能量，甚至让你精疲力竭。我们可以仔细考察一下目标，以及这条没有希望的路，然后果断地换条路。这才是明智的选择。

英国大政治家丘吉尔，少年时他的数学和外语很差劲，人又很顽皮，是个令人感到棘手的少年。丘吉尔的家庭是贵族，很有钱，所以他父亲想让他进入牛津大学或剑桥大学。可是他的成绩无法进入大学，因此不得不去报考英国陆军军官学校。这在英国属于第三流学校，可是他竟然也名落孙山。他在家过了两年补习生活，也请过家庭教师，还是考不上。到了第三年才好不容易考取，而且是最后一名。

很多人都认为像丘吉尔这样的人，外语与数学成绩不好，又是不良少年，他是不可能成功的。可是，丘吉尔年轻时代虽然如此差劲，可后来，他竟然能成为20世纪世界重要的大政治家之一。

丘吉尔数学虽然不好，可是他在语文方面却发挥了伟大才能，对绘画也有天分。虽然他是一个落伍的少年，但也是多才多艺的人，并且能活用多艺的才能成为大政治家，还在文学方面留下了伟大业绩，获得了诺贝尔奖。

从这件事看来，我们可以说成绩与成功与否并没有太大关系。为了证明这点，另外举出一个例子来给各位作参考，那就是美国棒球王贝比罗斯的故事。

贝比罗斯的故乡多是在船上工作的底层劳动者，环境并不是很好。在这里长大的贝比罗斯尤其是个让大家感到棘手的少年。例如他看到邻居从市场买菜回来时，就会突然从旁边跳出来，把人家的蔬菜打落，然后跑掉。由于他非常喜欢恶作剧，后来就被送到感化院。

感化院的老师为了教育他就让他打棒球。棒球是最需要团队精神的一种运动，老师想用这个运动来锻炼他的人格。感化院规模很大，所以很快就组成一个棒球队，常常跟许多学校举行比赛。在比赛中贝比罗斯被一个裁判认为非常有棒球天分，并加强对他的训练，最终他成为世界第一流全垄打王。

所以即便你是个落伍的人，可能也会有被埋没的才能，这种才能有时需要靠别人来发掘，但最好能自己发掘，把它充分发挥出来，才是通往成功之路。

在泰国有个雄心大志的养鳄大王叫杨海泉，他出生于一个贫苦的华侨家庭。由于家境困难，只断断续续上过一年小学，从10岁起就做童工，先后做过照相馆佣工、客栈的小二、金铺的伙计，还做过小生意。

15岁那年，杨海泉在别人的帮助下，开了一家小小的杂货店，主要收购当地的土特产转卖给商人，但是没有多久，杂货店就关门了，这是他生意场上的第一次失利。有雄心想成大业的他总结出一条经营之道：在激烈的竞争中必须独辟蹊径，大胆开创冷门生意，这样才能独占鳌头，立于不败之地。走别人没有走过的路，走起来才会更加宽广……

人工饲养鳄鱼是一件前无古人的事情，没有规律可循，没有老师可拜。事实证明，敢为人先的人就必须有胆量接受各种磨练。

喂养鳄鱼比喂养一个初生婴儿还要困难。

刚刚开始的时候，由于缺乏饲养经验，有些小鳄鱼因此丧命。成年鳄鱼给人的感觉是十分凶悍的，但是小鳄鱼的生命却很脆弱，对气候反应很敏感，对小小的惊恐也会发生痉挛而生病，严重的还会残废或丧命。可是这一切并没有吓住杨海泉，他经过日夜认真观察，这个问题终于得以解决，成功地闯过第一关。

一波未平，一波又起，更大的问题在等着杨海泉。主要有两个方面：一是小鳄鱼喜欢吃鱼类或水中的小动物，有时还要吃肉，杨海泉很难拿出这么多钱去买饲料；二是随着鳄鱼的不断长大，原来的鳄鱼池需要扩容了，杨海泉缺乏必要的资金进行扩建。

沉重的经济负担使杨海泉喘不过气来。眼看就要坚持不下去了，杨海泉只好含泪操刀宰杀部分基本达到出售规格的鳄鱼，卖掉去换取资金。就这样一面饲养一面宰杀，经过3年的时间才基本解决了经济问题，慢慢地有了一定盈余。

为了提高鳄鱼的价值，杨海泉购买了自己的屠宰设备，钻研独有的宰杀技术。当时，泰国的鳄鱼产品都是由捕杀鳄鱼的人宰杀的，设备很简单，加工很粗糙，鱼皮的质量不高。杨海泉之所以这样做，就是希望生产出世界一流的产品。不久，很快他就生产出了高质量的鳄鱼皮产品。"海泉鳄鱼皮"很快就得到了消费者的青睐，售价比一般的鳄鱼皮产品高出了许多。

凭借着"海泉鳄鱼皮"的名牌优势，杨海泉很快就占领了先机，并成立了一家"友商贸易行"，包揽了鳄鱼皮的生产出口业务，生意做到国外。杨海泉善于经营，讲求信用，名声越来越大，越来越好，生意更加红火了，实力也更加雄厚了。

在成功者的字典中是找不到"满足"这两个字的，杨海泉也不例外。他认为，养鳄鱼这件事是没有尽头的，他完全可以把这项事业继续下去。

他想，如果只是为了改善自己的经济条件，这样已经足够了，但是如果只是这样，那就太可悲了……

他立下了雄心壮志，不仅要用这种动物来赚钱，还要挽救这种野生动物，不要使之灭绝。考虑过去，思索将来，只有进行人工繁殖，才能达到自己的目的。

在那年代，世界各地都有不少称得上猎鳄家的人，但是称得上养鳄专家的人，除了杨海泉，恐怕没有第二人了。他的成功经验引起了世界各地的注意，参观学习的人络绎不绝。有很多人千里迢迢而来，高高兴兴而去，杨海泉因此名声大振。

就是他这样一个穷人的孩子，几乎没有上过什么正规的学堂，现在居然走进了世界最权威的鳄鱼专家的行列，创造了一个神奇的"鳄鱼王国"，成为了泰国的巨富。

由于可见，成功的道路有千千万万条，没有必要非要挤那一个独木桥。只要敢想敢干，条条道路都可以通往成功。

创新眼界，决定人生境界

心有多大，舞台就有多大。你的眼界决定着你的人生境界。

潘石屹出生于甘肃天水麦积山附近的一个贫困的村子里。恢复高考后，他考上了北方一所"不颁发学位"的大学，毕业分配到石油部某局工作，但有雄心想干一番大事业的他却辞职下海经商了。

潘石屹和几个朋友一起成立了"万通"的前身——海南农业高科技投资联合开发总公司。他们想办法找到了北京的一家集团公司，向该公司借款500万人民币，利息是20%，这笔钱被另一方派人监控，利润五五分成，投入房地产市场后，赚到了他们第一笔种子资金。

他们赚到第一桶金后，便果断地撤出海南，北上北京重新创业。1992年潘石屹创办北京万通公司。初到北京，他连北京那几座大立交桥的名字都叫不上，就到处找地盖房。后来有人介绍了一块地，他一看不错，就拿了下来，开始做万通新世界广场。

由于当时不大懂房地产，他给自己请了位刚刚从香港北上京城淘金的老师，将香港比较成熟的市场营销、策划包装手法带到新世界广场，立马在市场上引起了轰动。"万通新世界"的销售，可以说是创造了北京房地产市场的一个奇迹，每平方米3600多美金，是当时市场价的三倍。广场12月24号才动工，11月初就销售了百分之七八十了，在开售的六天内拿到了五个亿港元的回款，可当时连一方土还没有挖呢。

万通赚钱后大量投资一些不了解、不熟悉的行业，盲目扩张，使公司受到了很大的影响。之后，潘石屹做出重大决策：离开万通，自立门户。不久，潘石屹成立了北京红石实业有限公司，他做的第一个项目就是"现代城"，在现代城建设期间，右手边的国贸立交桥正在改造，门前的京通高速公路已开通，脚下的地铁也将正式运营。更让潘石屹兴奋的是，经国务院批准，北京的中央商务区（CBD）从两平方公里扩为四平方公里，现代城被圈进去了。未来北京的CBD如同巴黎的拉德芳斯、东京的新宿，一定是最现代、最繁华、最有人气的地段。现代城创造了北京房地产史上多个奇迹。这就是潘石屹与众不同的"眼光"。

但现代城的销售并不是一帆风顺的。1998年的北京房地产市场，已经不是20世纪90年代初的光景。现代城的销售并没有他们预料的那样火爆。当现代城销售出现困难的时候，潘石屹敢冒风险，采用末位淘汰制，扭转了销售局面，并取得了巨大的成功，最高的一天卖了17套，成交额就达3000万人民币，现代城的销售额创当年单个项目销售量冠军。二期SOHO现代城所引起的冲击波更是来势凶猛，正式开盘的两个多月，500多套住房便销售一空。同时随着媒体的炒作、行家的总评、业内人士的分析，以及有意购买者的关注，一个既新鲜又陌生的时髦名词"SOHO"被千万人所知晓。

2002年，素以善于炒作著称的潘石屹把自己开发的"建筑师走廊""炒"到了意大利威尼斯。他对世界宣布，他在北京郊区延庆县境内开发的别墅群，接到了有上百年历史、堪称"艺术界的奥斯卡"的威尼斯双年展的邀请函，这在历史上还是第一次。

"建筑师走廊"一经推出，就受到来自国内外媒体的热切关注。2002年2月，美国的《国际设计杂志》将"建筑师走廊"作为来自世界40个"创意城市"之一的北京代表作品推向世界。威尼斯艺术的年展人Deyovn Subjic则认为这是一个在建筑创意中结合了美学理念和浓厚的亚洲个性的最完美项目。业内人士认为，"建筑师走廊"以一个项目参展的案例，标志着中国大地上的另类建筑吸引了世界的目光，是中国建筑界的一大盛事。

人无我有，人有我新，人新我奇，这是有雄心成大事者一贯的手腕。现实社会中，因创新而做出一番大事业的人比比皆是。

法国美容品制造师伊夫·洛列是靠经营花卉发家的。

伊夫·洛列从1960年开始生产美容品，到1985年，他已拥有960家分号，他的企业在全世界星罗棋布。

伊夫·洛列生意兴旺，财源茂盛，摘取了美容品和护肤品的桂冠。他的企业是唯一使法国最大的化妆品公司"劳雷阿尔"惶惶不可终日的竞争对手。

这一切成就，伊夫·洛列是悄无声息地取得的，在发展阶段几乎未曾引起竞争者的警觉。这有赖于他的创新精神。

1958年，伊夫·洛列从一位年迈女医师那里得到了一种专治痔疮的特效药膏秘方。这个秘方令他产生了浓厚的兴趣，于是，他根据这个药方，研制出一种植物香脂，并开始挨门挨户地去推销这种产品。

有一天，洛列灵机一动，何不在《这儿是巴黎》杂志上刊登一则商品广告呢？如果在广告上附上邮购优惠单，说不定会有效地促销产品。

这一大胆尝试让洛列获得了意想不到的成功，当他的朋友还在为巨额广告投资惴惴不安时，他的产品却开始在巴黎畅销起来，原以为会泥牛入海的广告费用与其获得利润相比，显得轻如鸿毛。

当时，人们认为用植物和花卉制造的美容品毫无前途，几乎没有人愿意在这方面投入资金，而洛列却反其道而行之，对此产生了一种奇特的迷恋之情。

1960年，洛列开始小批量地生产美容霜，他独创的邮购销售方式又让他获得巨大成功。在极短的时间内，洛列通过这种销售方式，顺利地推销了70多万瓶美容品。

如果说用植物制造美容品是洛列的一种尝试，那么，采用邮购的销售方式，则是他的一个创举。

时至今日，邮购商品已不足为奇了，但在当时，这却是行之所未行的。

1969年，洛列创办了他的第一家工厂，并在巴黎的奥斯曼大街开设了他的第一家商店，开始大量生产和销售美容品。

伊夫·洛列对他的职员说："我们的每一位女顾客都是王后，她们应该获得像王后那样的服务。"

为了达到这个宗旨，他打破销售学的一切常规，采用了邮售化妆品的方式。

公司收到邮购单后，几天之内即把商品邮给买主，同时赠送一件礼品和一封建议信，并附带制造商和蔼可亲的笑容。

邮购几乎占了洛列全部营业额的50%。

洛列邮购手续简单，顾客只需寄上地址便可加入"洛列美容俱乐部"，并很快收到样品、价格表和使用说明书。

这种经营方式对那些工作繁忙或离商业区较远的妇女来说无疑是非常理想的。如今，通过邮购方式从洛列俱乐部获取口红、描眉膏、唇膏、洗澡香波和美容护肤霜的妇女已达6亿人次。

这种优质服务给公司带来了丰硕成果。公司每年寄出邮包达99万件，相当于每天3000～5000件。1985年，公司的销售额和利润增长了30%，营业额超过了25亿元，国外的销售额超过了法国境内的销售额。

如今，伊夫·洛列已经拥有400余种美容系列产品和800万名忠实的女顾客。

洛列的经历正好证实了金克拉的话："如果你想迅速致富，那么你最好去找一条捷径，不要在摩肩接踵的人流中去拥挤。"

没有人给你设定创新的界限，只有自己去界定。所以，要想让你的人生更加精彩，就要敢于创新，并且敢于大胆地去做，因为你的创新眼界决定着你的人生境界。

打破陈规，才能出奇制胜

一个人只会比个葫芦画个瓢，永远不会有新的突破，早晚会被社会淘汰。正如恐龙的灭绝向我们验证的一个道理：适者生存，不适者被大自然淘汰，是社会历史发展永恒不变的法则。不论是生物学家还是经济学家都承认，在一场激烈的竞赛中，凡是不能适应者，都会被淘汰。

商场如战场，刀枪本无情。如果一个人在作战的中途倒下，那只能显示其生存的条件不够。不幸的是，在各个工作场所中，我们可以看到，仍然有太多的"恐龙式人物"存在。这些"恐龙式人物"的特征大致如下：顽固、严苛、立足不前、缺乏弹性。

在工作上，"恐龙族"最大的障碍，就是无法适应环境。在他们周围有许多学习新技术、深造、更换职务、创新企业等机会，但是他们往往视而不见，根本无心去寻求新的突破。

工作与生活永远是变化无穷的，我们每天都可能面临改变：新的产品和新服务不断上市，新科技不断被引进，新的任务被交付，新的同事、新的老板……这些改变，也许微小，也许剧烈，但每一次的改变，都需要我们调整心情，重新适应。

改变意味着对某些旧习惯和老状态的挑战，如果你坚守着过去的行为与思考模式，并且相信"我就是这个样子"，那么，尝试新事物就会威胁到你的安全感。

保罗·格蒂是石油界的亿万富翁、一位最走运的人，早期他走的是一条曲折的路。他上学的时候认为自己应该当一位作家，后来又决定要从事外交部门的工作。可是，出了校门之后，他发现自己被俄克拉荷马州迅猛发展的石油业所吸引，而他的父亲也是在这方面发财致富的。搞石油业偏离了他的主攻方向，但是他觉得，他不得不把自己的外交生涯延缓一年。作为一名盲目开发油井的人，他想试试自己的手气。

格蒂通过在其他开井人的钻塔周围工作筹集了钱，有时也偶然从父亲那里借些钱（他的父亲严守禁止溺爱儿子的原则，他可以借给儿子钱，但是送给他的只是价值不大的现金礼物）。年轻的格蒂有勇气，但不鲁莽。如果一次失败就足以造成难以弥补的经济损失的话，这种冒险事他从来没有干过。他前几次冒险都彻底失败了，但是在1961年，他碰上了第一口高产油井。这个油井为他打下了幸运的基础，那时他才23岁。

是走运吗？当然。然而格蒂的走运是应得的，他做的每一件事都没有错。那么格蒂怎么会知道这口井会产油呢？他确实不知道，尽管他已经收集了他所能得到的所有事实。"总是存在着一种机会的成分的。"他说，"你必须乐意接受这种成分。如果你一定要求有肯定的答案，那你就会捆住自己的手脚。"

保罗·格帝曾说："墨守成规乃致富的绊脚石。真正成功的人，本质上都流着叛逆的血。"

那么，你是选择墨守成规还是创新呢？相信聪明人都会选择后者。因为这个世界上没有一成不变的事物，也没有放之四海而皆准的真理，抱着旧观念、旧框框去看待新情况，必然是行不通的。只有变通，才不至于故步自封。只有革新，才能进步，进而一展勇气与灵气。

著名的化学家罗勃·梭特曼发现了带离子的糖分子对离子进入人体是很重要的。他想了很多方法来证明，但都没有成功，直到有一天，他突然想起不从无机化学的观点去研究，而从有机化学的观点来看这个问题，才突破了束缚，取得了成功。

当然，作为在平凡生活中追求梦想的普通人，打破陈规想问题所取得的成效，不亚于科学家的新发现。

山姆是一家大公司的高级主管，他面临一个两难的境地。一方面，他非常喜欢自己的工作，也很喜欢工作所带来的丰厚薪水——他的位置使他的薪水有只增不减的特点。但是，另一方面，他非常讨厌他的老板，最近他发觉已经到了忍无可忍的地步了。在经过慎重思考之后，他决定去猎头公司重新谋一个职位。猎头公司告诉他，以他的条件，再找一个类似的职位并不费劲。

回到家中，山姆把这一切告诉了妻子。他的妻子是一个教师，那天刚刚教学生如何重新看待问题，也就是把正在面对的问题完全颠倒过来看——不仅要跟你以往看这个问题的角度不同，也要和其他人看这个问题的角度不同。她把上课的内容讲给了山姆，这使山姆得到了启发，一个大胆的创意在他脑中浮现。

第二天，他又来到猎头公司，这次他是请公司替他的老板找工作。不久，他的老板接到了猎头公司打来的电话，请他去别的公司高就。尽管他完全不知道这是下属和猎头公司共同努力的结果，但正好这位老板对于自己目前的工作也厌倦了，所以没有考虑多久，就接受了这份新工作。

这件事最美妙的地方，就在于老板接受了新的工作，结果他目前的位置空出来了。山姆申请了这个位置，于是坐上了以前他老板的位置。

这是一个真实的故事，在这个故事中，山姆本意是想替自己找个新的工作，以躲开令他讨厌的老板。但他的太太教他打破陈规想问题，于是他替他的老板而不是他自己找一份新的工作，结果，他仍然干着自己喜欢的工作，而且摆脱了令自己烦心的老板，还得到了意外的升迁。

一些专家在研究汽车的安全系统如何更好地保护乘客在撞车时不受到伤害时，最终也是得益于打破陈规解决问题。

他们想要解决的问题是，在汽车发生碰撞时如何防止乘客在车内移动，因为这种移动造成的伤害常常是致命的。在种种尝试均告失败后，他们想到了一个有创意的解决方法，就是不再去想如何使乘客绑在车上不动，而是去想如何设计车子的内部，使人在车祸发生时最大程度地减少伤害。结果，他们不仅成功地解决了问题，还开启了汽车内部设计的新时尚。

在现实生活中，当人们解决问题时，时常会遇到"瓶颈"，这是由于人们看问题只停留在同一角度造成的，如果能换一换视角，也就是换一种方法考虑问题，情况就会改观。

我国著名品牌空调——格力空调的诸多品种中有一种"灯箱柜机空调"，它的发明过程也是很偶然的。

1995年，格力公司的朱江洪在美国考察，无意中看到了可口可乐售货机的颜色很艳丽，脑海里一下子出现灵感，为"格力"设计出了一个获得专利的新产品"灯箱柜机空调"。

这种空调一扫几十年来的"空调冷面孔"：柜面上风景如画，"瓜果飘香"，在原来的使用价值中又增加了几分美感。

朱江洪的这一"美国情缘"，就让空调的"脸"发生了变化，格力的彩面柜机空调比市场上同类产品价值高出300多元。这种空调在国内外市场都很畅销，而且还因为拥有自己的知识产权，没有竞争对手，在该公司上百款空调中利润率最高。

墨守成规只会在原地踏步，早晚会被社会淘汰。我们必须竭尽所能，获得相关领域任何的新知，耕耘出一片专属的园地。要想达到出奇制胜的效果，必须要具备敢于打破陈规的创新精神。

创新让人脱颖而出

在竞争激烈的商场上,要想让自己的成功令人叫绝,成就大事,必须从创新入手。创新是开创事业的原动力,也只有创新才能使你从激烈的竞争中脱颖而出。

从百事可乐问世以来,美国的两位饮料界巨人可口可乐与百事可乐,就彼此缠斗了上百年。因为可口可乐比百事可乐先上市了13年,所以百事可乐在前几十年来一直处于不利的地位。到了20世纪50年代,可口可乐仍以二比一的优势领先百事可乐,然而到了20世纪80年代,双方的差距逐渐变小,彼此之间的竞争也变得越来越激烈。

在这短兵相接的市场争夺战里,美国百事可乐的总裁罗杰·恩瑞总是拿"两个和尚过河"的故事来警勉自己。

有两个和尚从一座庙到另一座庙,他们走了一段路之后,遇到了一条河,由于一场暴雨,河上的桥被冲走了,他们只能涉水而过。

这时,一位漂亮的妇人正好走到河边。她说有急事必须过河,请求两个和尚帮忙。第一个和尚立刻背起妇人,把她安全送到了对岸。第二个和尚接着也顺利渡河。

两个和尚默不作声地走了好几里路。第二个和尚突然对第一个和尚说:"我们和尚是绝对不能近女色的,刚才你为何犯戒背那妇人过河呢?"

第一个和尚淡淡地回答:"我在几里路之前就把她放下来了,可是你到现在还背着她呢!"

恩瑞在他所写的《百事称王》一书中,不断地告诫自己,要学习第一个和尚勇于做事的行为,而不要像第二个和尚,那么轻易地被一个成规束缚住。

因为百事可乐与可口可乐在配方、色泽、口感之间都非常相似,绝大多数消费者根本喝不出二者的区别,但在二者"交战"的前期,百事可乐由于其竞争手法不够高明,尤其是广告的竞争不得力,一直惨淡经营,被可口可乐远远甩在后头。

在经历了与可口可乐无数交锋之后,百事可乐终于突破成规,重新明确了自己的定位,百事开始以"新生代的可乐"形象对可口可乐实施了侧翼攻击,从年轻人身上赢得了广大的市场。饮料市场份额的战略格局也悄悄地发生了变化。

百事可乐的定位很具有战略眼光。由于百事可乐与可口可乐非常相似,很难在质量上再做文章,因而百事选择的挑战方式是在消费者定位上实施差异化。百事可乐摒弃了不分男女老少"全面覆盖"的策略,单从年轻人入手,对可口可乐实施了侧翼攻击,力图通过广告树立其"年轻、活泼、时代"的形象。

完成了自己的定位后,百事可乐开始研究年轻人的特点。通过精心调查后发现,年轻人现在最流行的是独特、新潮、有内涵、有风格、有创意的东西。百事抓住了年轻人的心理特征,开始推出一系列以年轻人认为最新潮的明星为形象代言人的广告。

在美国本土,百事可乐以500万美元聘请了流行乐坛的歌手麦克尔·杰克逊做广告,此举被誉为有史以来最大手笔的广告运作。杰克逊果然不辱使命。当他踏着如梦似狂的舞步,唱着百事广告主题曲出现在屏幕上时,年轻的消费者无不为之震撼。

在中国内地,百事可乐又邀郭富城、王菲做它的形象代表。两位歌手的影响不同凡响,郭富城的劲歌劲舞,王菲的冷酷气质,迷倒了无数的年轻消费者。在中国各地百事可乐销售点上,到处都有郭富城那执着、坚定、热情的让人无法逃避的眼神。

随着广告的加强,百事可乐年轻、活力的形象开始深入人心。在上海电台一次6000人调查中,年轻人说出了自己认为最酷的东西。他们认为,最酷的女歌手是王菲,最酷的男歌手是郭富城,而最酷的饮料是百事可乐。百事可乐邀请当红艺人担当代言人,广告中活力四射的青春场景成为了人们对这个品牌最深刻的记忆。

除此之外,百事可乐广告语也颇具特色。百事可乐认为,年轻人对所有事物都有所追求,比如音乐、运动,于是百事可乐提出了"渴望无限"的广告语。百事提倡年轻人做出"新一代的选择",那就是突破成规,喝百事可乐。百事可乐这两句富有活力的广告语很快赢得了年轻人的认可。配合广告语,百事可乐广告内容一般是音乐、运动。此外,百事可乐还善打足球牌,利用大部分青少年喜欢足球的特点,特意推出了百事足球明星……

没有创新就没有发展,"一招鲜,吃遍天"的时代早已过去,现在外部的世界日新月异,不愿意接受新理念、学习新知识的公司无疑是自取灭亡。

华若德克是美国实业界大名鼎鼎的人物。在他未成名前,有一次,他带领属下参加在休斯敦举行的美国商品展销会,令他感到懊丧的是,他被安排到一个极为偏僻的角落,而这个角落是很少有人光顾的。为他设计摊位布置的装饰工程师劝他干脆放弃这个摊位,认为在这种情况下要展览成功是不可能的,唯一的办法只有等待来年再参加商品展销会。沉思良久,华若德克觉得自己若放弃这一机会实在太可惜,而这个不好的位置带给他的弱势也不是不能化解,关键就在于自己怎样利用这不好的环境使之变成整个展会的焦点。他觉得改变这种弱势需要一种出奇制胜的策略。可是怎样才能出奇制胜呢,他陷入了深深的思考。他想到了自己创业的艰辛,想到了展销会的组委会对自己的排斥和冷眼，想到了摊位的偏僻。他突然想到了偏远的非洲，自己就像非洲人一样受到不应有的歧视。

第二天，他走到了自己的摊位前，心里充满悲哀又有些激愤，心想："既然你们把我看成'非洲难民'，那我就给你们打扮一回'非洲难民'，于是一个计划就此产生了。

华若德克让他的设计师给他设计了一个古阿拉伯宫殿式的氛围，围绕着摊位布满了具有浓郁的非洲风情的装饰物，把摊位前的那一条荒凉的大路变成了沙漠。他安排雇来的人穿上非洲人的服装，并且特地雇用动物园的双峰骆驼来运输货物，此外还派人定做大批气球，准备在展销会上用。还没到开幕式，这个与众不同的装饰就引起了人们的好奇，不少媒体都报道了这一新颖的设计，市民们都盼望开幕式尽快到来，好一睹为快。

展销会开幕那天，华若德克挥了挥手，顿时展厅里升起无数的彩色气球，气球升空不久自行爆炸，落下无数的胶片，上面写着："当你拾起这小小的胶片时，亲爱的女士和先生，你的运气就开始了，我们衷心祝贺你。请到华若德克的摊位，接受来自遥远的非洲的礼物。"这无数的碎片撒落在热闹的展销会场，当然华若德克也因为这个奇特的思维与创新取得了巨大的成功。

创新是成功的推进器，创新是一种美丽的奇迹，似火种照亮我们的无知和黑夜。要勇于创新，让创新的火种引领你不断向前。

标新立异，才能独占鳌头

标新立异，才能独占鳌头。也就是说只有那些能不断创新的人才可以不断获得成功。模仿与抄袭也许可以取得一点小小的成绩，但不能永久发达。当形势与环境发生变化时，唯有标新立异的人才可以从一个成功走向新的成功。

我国商朝的始祖商汤曾经在他使用的盘子上面刻上"苟日新、日日新、又日新"的字句。这句话的真正意义是告诉我们，应该抱着日新又新的心理去观察每一件事情。如果能够确切实行，自己的思想也会愈变愈新。其实，商汤的这种思想就是我们今天的"创新"，也就是说，要敢于标新立异。

的确，时代的进步有着快慢的差异，但它时刻都在转变中，所以说，即使昨天认为是无可挑剔的事情到了今日可能已是过时了。在如此多变的状况中，如果以十年如一的方式反复去做同样的事情，一定没有成功的希望。所以，一个人应该敏锐地观察事态的变化，让自己拥有日新月异的观念，不拘泥于过去的思想和做法。

比商汤稍晚的时代，大约是2500多年前，释迦牟尼曾说过"诸行无常"。希腊的哲学家赫拉克黎多士也说过："万物都在流转，连太阳也不例外。今天的太阳已经不是昨天的太阳了。"可见不论东方或西方的圣贤都在强调"日新又新"的观念，更何况我们身处在现代这种日新月异的时代。

盛田昭夫和井深大一起创立的索尼公司的宗旨是："绝对不搞抄袭伪造，而专选别人今天、甚至以后都不易搞成的商品。"

如果在创建事业的最初，这条宗旨表明了公司的原则和奋斗目标的话，那么之后实施和坚持这条宗旨则成了盛田昭夫接连成为市场竞争大赢家的秘诀之一。

一般日本企业经营的基本方法是大量生产、大批销售，但盛田昭夫走的并不是这条路。他的方式正如上述那一条宗旨所要求的，首先投资开发研究，创造出其他公司难以模仿的产品，即便这种商品被其他竞争者赶上了，还有新的产品出现。盛田昭夫的方法在于标新立异，重在以新取胜，依靠技术不断开拓新的市场。

20世纪50年代初，收音机在日本还不是十分普及，但人们已经逐渐认识到了收音机的优点。收音机市场大有潜力可挖。很多制造商都看准了收音机市场必将火爆的那一天，因而纷纷大批量生产。

当时流行的收音机并非很完美，而是存在很大的缺点。其内部几乎全部使用笨重易热的真空管，体积大的不得了。耗电量又高，并且不能随身携带。

井深大和盛田昭夫在当时也被收音机市场的潜力引诱着，但又生怕背负未来市场过剩的竞争压力。这时井深大总经理抓住了流行收音机的缺点，设想如果索尼（当时名叫东京通信工业公司）生产的收音机能够克服这些缺点，必然会大受消费者的青睐，独占收音机市场的鳌头，成为技术革新的领导者。

盛田昭夫想要研制一种能携带甚至可以放在衬衣口袋里的小型收音机，要实现这一点，就必须以半导体取代真空管，而半导体的专利权当时只在美国有，发明它的是休克利博士。

于是他们专门为半导体的事去了一趟美国，想要引进休克利博士发明的半导体专利。然后，盛田昭夫与拥有半导体专利权的西方电气公司签订了专利合约。最终，盛田昭夫推出了日本第一批小巧玲珑的半导体收音机。这批第一次标有"SONY"字样的产品一出世便令同行和消费者惊诧，"SONY"牌收音机一下子风靡日本，原来的真空管收音机顷刻之间成为陈旧的过时货。

时隔不久，盛田昭夫生产的更小的口袋型半导体收音机大批上市。这种收音机可随身携带，就像手表一般便捷，在社会上形成了一种新时尚，标新立异的索尼公司顿时引起人们的极大注意，"SONY"成了家喻户晓的名牌。

标新立异使盛田昭夫赢得了消费者的心，在市场竞争中出奇制胜。同行企业在对盛田昭夫既嫉妒又羡慕的时候，他又开始了新的研究。

盛田昭夫写过一段耐人寻味的话："我们的计划是用新产品来带领大众，而不是被动地去问他们要什么产品。消费者并不知道什么是可能的，但是我们知道。因此我们要去下一番功夫做市场调查，并且有不断修正每一种产品及其性能、用途的想法，设法依靠引导消费者，与消费者沟通，来创造市场。"这段话体现了盛田昭夫的经营雄心，体现了索尼公司的一个基本精神，风靡全球的"walkman（随身听）"就是这种精神的产物。

一天，总经理井深大提着手提式录音机和一副耳机，来到盛田昭夫的办公室，一脸无奈地说："我喜欢听音乐，可又不希望影响别人，又不能整天坐着不动，只好提着录音机走，可这实在是太沉重了，这份疲累哪是我这老头子能吃得消的？"

井深大这番抱怨的话一下子激发了盛田昭夫的思维与想象。他想，能否研制一种小型随身携带的录音机呢？如果研制成功的话，井深大总裁不就再也不会抱怨手提式录音机的沉重了吗？当然，它会更好地满足那些须臾也离不开音乐的年轻人。

经过不断的创新，一台"随身听"的样品造出来了，它精致而小巧，音效也非常的好。以盛田昭夫为首的技术骨干认定"随身听"一定会风靡起来，但销售人员则认为这种产品连一点销路都没有。于是，在公司内对"随身听"形成了反对派和支持派两种截然不同的意见。面对反对声，盛田昭夫坚持己见，并说明自己负全部责任。由于"随身听"适合消费者的需要，价钱（3万日元）也适合年轻人的"腰包"，结果一上市就被抢购一空，供不应求。面对雪片般飞来的订单，索尼公司必须以自动化生产来应付。与此同时，"随身听"也大大刺激了索尼公司的耳机研制，使它跻身于全世界最大耳机制造商之林，在电子产品大国日本也占据了50%的市场。由于美名远扬，连著名指挥家卡拉扬等音乐大师也来索尼公司订购"随身听"。

几十年来，索尼公司在盛田昭夫的标新立异思想指导下，发明创新，用创新赚得了丰厚的利润。

"标新立异"作为一种崇高思想境界和时代精神，就是对平庸行为的否定，对旧观念、旧体制、旧事物的突破，对不甘人后的肯定和原有水平的超越。要想有所建树，要想领略人生的好风光，必须善于创新、勇于创新。

创新就是敢于走自己的路

寻找到适合自己的人生之路，并不是一件很容易的事，有时需要经过好长一番摸爬滚打。实际上，真正的创新高手不爱跟随在别人的身后，而是勇于探索，大胆创新，能走出一条属于自己的路。

李强对金融行业非常感兴趣，立志要读中国人民银行总行的研究生。三大部《中国金融史》几乎被他翻烂了，可是连考数年都没有成功。然而，在这期间不断有朋友拿一些古钱向他请教，起初他还能细心解释，不厌其烦。到后来，问的人实在太多了，他感到厌烦了。

有一天，李强突然有了一个想法，那就是编一册《中国历代钱币说明》，既是为了巩固所学的知识，也是为了给朋友提供方便。接下来的一年，他依旧没有考上研究生。但是，他的那册《中国历代钱币说明》却被一位书商看中，第一次就印了一万册，当年销售一空。现在的李强已经是中产阶级了。

李强的经历告诉我们，不是选定了目标后坚持不懈就一定能取得成功，适时地尝试另外一条适合自己的路，成功会离你更近。日常生活中，我们总是喜欢朝着自己既定的目标奋力拼搏，但却不是每个人的愿望和理想都能实现。那些搏击一世却未获得成功的人，会不会是因为他生命中真正精华的部分被自以为"不是最好的"，而从未得以展示呢？

"失之东隅，收之桑榆。"无论做什么事情，都不要循规蹈矩，故步自封于一条路上，更不要放弃成功的信心，坚持不懈固然重要，但发现自己选择的方向已经错误时，就应该果断地止步，走出一条属于自己的路。

克劳斯是天生的生意人，他说："我从小就讨厌从事一个普通的职业，因此一直没有工作。而我说过，其实我能做任何工作——甚至做冰淇淋。"于是，这位宾夕法尼亚大学的学生入学后在宿舍里做起了冰淇淋。不久，同校的两个伙伴科恩和希尔顿也加入了。于是，克劳斯卖掉大部分债券自己投资，并拿出他高中时挨家挨户上门推销净水器时挣的6万美元，和他们合伙开了这家公司。经过市场调查，克劳斯发现，冰淇淋的口味已经20年没有变化，他敏锐地觉察到，这为他们创业提供了一个很好的空间。

他采纳了啤酒商萨缪尔·亚当斯的建议，使用啤酒酿造技术制作口味奇特的冰淇淋。他还与当地的乳酪厂联系，由他们提供特制的奶酪，制作奶酪味冰淇淋。

由于口味的创新，这家小型的冰淇淋公司很快吸引到了风险投资。结果新产品一上市就供不应求。它的风味很快就成为一种饮食时尚，风行欧美及世界各地。

克劳斯谈到自己的成功时说："事业成功的最大秘诀就是创新。我们年轻人应该是一个行业中的创新者，而不是一成不变的制造者。因为年轻的本质特征就是新异和充满朝气。"

一个人创业能否成功，他的公司能否在市场上站稳脚跟，关键就看他是否具备创造力。目前企业的首要创造力就表现在产品的创新方面，产品创新主要包括产品开发、产品的更新速度及产品的质量和水平。

积极开发新产品，是保证公司取得竞争优势，使公司立于不败之地的基础。市场是公司生存的客观条件，公司要生存和发展，就要不断扩大和开辟新的市场，要做到这一点，离开了产品开发是根本办不到的。公司只有不断开发新产品，做到"人无我有，人有我优，人优我廉，人廉我转"，才能在市场竞争中处于主动地位。

日本的汽车、电视机、录像机能在较短的时间内称雄世界，就在于它们不断推出新型、质优、价廉的新品种。就日本汽车而言，在20世纪60年代末，其产量、销量均排在几乎所有西方发达国家之后，到1978年竟跃居世界第一，即产量第一，销量第一，生产率第一。原因是它们采用了先进的管理方法，不断改进设计，制造出质优价廉的新型汽车。由此可见，创新就是创造社会价值和经济效益。

一个公司乃至一个行业的生存与发展，兴盛与衰落，与其是否能适时地开发出满足社会需求的新产品密切相关。特别是科学技术和现代传媒的发展，加速了新产品的开发过程。一些高科技产品的更新换代已经不是以年为计算单位，而是以日来计算。如钟表王国瑞士平均每20天就向市场推出一个新品种。德国奔驰轿车的发动机与20年前相比，重量减少了48公斤，最高功率却提高了25马力，成为当今世界汽车工业的骄子。大名鼎鼎的美国王安公司，之所以短时间内就从"电脑帝国"的宝座上跌落下来，其主要原因是不注重新产品的开发。

通常情况下，一个盲目跟随流行的人，只会被流行牵着鼻子走。在一个行业中，只有走在前头的人才能赚到钱，就像长跑比赛一样，只有跑在前几名才能得到奖牌。如果等别人通过某一模式赚钱很久，许多人开始模仿跟进，你再盲目跟随进去，基本上是在亏钱，因为好赚的钱已经被人挖掘走了，市场已经饱和，已经在过度竞争了。很多跟随流行的人常哀叹：为什么自己常常比别人慢半拍，其实不是你时运不行，而是你起跑太晚了。

藤田先生除了经营汉堡包外，还做其他生意，如钻石、时装、高级手提包等。在经营过程中，他首先把对象放在上流社会中有钱人的流行趋势上，无论是钻石的花样、服饰的色彩还是手提包的样式，都是按照有钱人的喜好特制的。结果，他的商品一直处于畅销的地位，而且20年来经久不衰，从没有出现过亏本大甩卖的情况。当然，藤田先生之所以能战胜竞争对手，长期立于不败之地，还在于他能够灵活多变，善于从实际出发，他所经营的服饰绝不局限在欧美最流行的服饰上。

因为欧美的服饰只适合那些金发碧眼、身材修长的欧美姑娘，而日本的妇女黑头发、黄皮肤、个子矮小，和那些衣服搭配起来很不协调。即使他们再有钱，也不会拿钱去买不适合自己的东西。有些商人之所以不能保持常胜，是因为他们只是片面地赶上了有钱人的时髦，没有进行具体的分析，因此总免不了亏本的命运。藤田先生的成功，与他灵活地运用犹太生意经有很大关系。

现代市场风云变幻，能够把握一种流行趋势不是一件容易的事情。这就要求每一个生意人在做出任何一项决策前，必须纵观市场全局，既要能赶上潮流，还要超前于潮流，走出一条属于自己的路，千万不可盲目跟风。

与世并行，勇于开拓

李嘉诚曾说过："每个商务时代都锻造一批富翁，而每批富翁的锻造，都是当人们不明白时，他们明白自己在做什么；当人们不理解时，他们理解自己在做什么。所以当人们明白时，他们已经成功了；当人们理解时，他们已经富有了。"李嘉诚说的这些人正是那些会把握趋势的人。因此，要想有所为，开拓一条成功的道路，就必须与世并行。

没有人不想成为时代的宠儿，其实成功并非垂青每一个人。在前进中，只有眼观六路、耳听八方，才能占据最有利的竞争制高点，帮助我们通向成功之路。

英国GKN公司始创于工业革命开始时期，到19世纪末，发展成为世界最大的钢铁企业之一。但是，随着钢铁工业的国有化，GKN公司失去了主要支柱产业，只剩下一个空壳。

GKN何去何从？围绕着GKN的前途问题，公司的高层管理人员争论不休。霍尔兹沃恩当时在GKN公司任会计师，有幸参与了这场争论。在经过缜密的调查后，霍尔兹沃恩谨慎地向GKN公司董事会呈交了一份有关公司发展前途的战略报告。

按照霍尔兹沃恩的报告得出的结论：GKN公司将不再是一个钢铁集团公司，因此，公司应立即转向开发新产品。但是，GKN公司刚刚创建了一家年产600万吨钢管的钢管厂，如果采纳霍尔兹沃恩的建议，钢管厂将被取缔，所有投资都将化为乌有，再者，霍尔兹沃恩不过是一名微不足道的会计师。在权衡"利弊"之后，GKN公司的决策集团放弃了霍尔兹沃恩的建议，仍按既定方针推进钢管厂的生产。

历史的进展完全证实了霍尔兹沃恩的战略预测。仅仅过了两年，GKN公司的钢管厂陷于困境，不得不停产。董事会的董事们在焦头烂额之际才想起了霍尔兹沃恩，于是破格把他提升为公司的副总裁兼常务经理，霍尔兹沃恩上任后就着手公司转向的工作。他买下比尔菲尔德公司，将该公司生产的一种新型产品投入欧洲和北美市场，又开发出一种廉价的运输机，使产品畅销全世界。GKN公司顿时面貌全新。不久，霍尔兹沃恩又研制出新型战斗机"勇士"号，一举占领了英国军用机生产市场，为GKN公司带来了巨大的利润。

1980年，霍尔兹沃恩因业绩非凡而被公司任命为董事长。这时，英国的钢铁工业陷入一团糟的窘境，GKN公司也因此受到冲击，面临新的严峻考验。

在新形势之下，霍尔兹沃恩的同行们都认为这是工人罢工造成的，霍尔兹沃恩在调集了各方面的资料进行研究后提出了一个完全不同的观点：这是英国工业衰退的先兆，更大的衰败即将来临。

霍尔兹沃恩毫不犹豫地采取措施改变公司的产业结构。他先后卖掉了公司在澳大利亚的钢铁业股权和英国的传统机械公司，同时在法国、美国和英国本土创办了五家新公司。

对霍尔兹沃恩的大胆举措，许多董事提出异议，霍尔兹沃恩却不为所动，依然"我行我素"。不久，英国工业的全面衰败果然来临，GKN公司因早有准备，将损失降到了最低，而其他公司则纷纷倒闭。人们都为霍尔兹沃恩的高瞻远瞩和果断举措而赞叹。

如今，GKN公司已成为全世界开发复杂新型机械产品和应用最新技术的领头羊，霍尔兹沃恩也成为一位举世公认的企业战略家，成为英国工业界的骄傲。

在众多的体育用品之中，足球鞋可能是最主要的产品之一。据统计，阿迪达斯公司仅此一项，每年就生产500多个品种，28万余双球鞋，在150多个国家的体育用品销售中占据着首位。

阿迪达斯公司认为，现代的体育运动迅速发展，体育用品的生产，必须时刻注意改进产品，以适应顾客的需求，否则就有被挤垮的危险。

很多年来，阿迪达斯公司之所以能牢牢地吸引顾客，不断地拓展市场，正是因为其永不停息的创新精神。

一次，阿迪达斯公司发现足球鞋的重量与运动员的体力消耗关系极大：在每场一个半小时的比赛中，平均每个运动员在球场上往返跑一万步。如果每只鞋减轻100克，那么，就可大大减少运动员的体力消耗，提高他们的竞争能力。

阿迪经过观察，发现半个世纪以来，足球鞋的重量没有减轻，而主要原因是保留了足球鞋上的金属鞋尖。而在每场比赛中，就是最能拼杀的前锋，可能踢触到足球的时间也只有4分钟左右。

怎么样才能把鞋的重量再减轻一些，成了阿迪整天琢磨的事。据说阿迪为此整天吃不好饭、睡不好觉，直到晚上还是迷迷糊糊，想着跑鞋减轻重量的事，不知不觉进入到梦中。在梦中，他梦到与足球运动员对话。

运动员告诉他："鞋钉太重，可否取掉？"

"那你们的鞋不是太软了吗？"

"可以做得硬一些。"

这句话惊醒了阿迪，他连忙爬起来，拧亮台灯，在记事本上记下这段对话。

经过反复的研究，他们果断地去掉了鞋上的金属鞋尖，设计出了比原来轻一半的新式足球鞋。这种鞋一投放市场就立即受到好评，足球运动员和足球爱好者们都争相购买。

1954年，世界杯足球赛在瑞士举行。阿迪达斯公司抓住开赛前的机会，深入到运动员中间，广泛地听取运动员的意见和要求后，非常迅速地研制出一种可以夏天换鞋底的足球鞋。

决赛那天，伯尔尼的万克多夫体育场上一片泥泞，赛场上的匈牙利队员奔跑起来非常费劲，而穿着阿迪达斯公司生产的新球鞋的联邦德国队员，却雄姿勃勃，健步如飞。比赛结果，联邦德国足球队第一次登上了世界冠军的宝座。就这样阿迪达斯的活动钉鞋一下子又成了人们抢手的热门货。

阿迪达斯公司还十分注重西方青年服装的潮流，在花样及色彩上不断更新，使人们目不暇接，难怪人们说，很难看到同一样式的阿迪达斯运动衣。后来，他们又进一步研究出150多种新产品。在1986年的欧洲运动服装博览会上推出，为主办方增色不少。

几十年来，阿迪达斯公司开发了一种又一种受人欢迎的产品。橡皮凸轮底球鞋适合冰雪地、草地、硬地比赛的各类球鞋；20世纪60年代研制出来的以塑料代替皮革的球鞋；70年代投产的用三种不同硬质材料混合制成鞋底的球鞋；80年代初生产的新式田径运动鞋，这种鞋的鞋钉螺丝可以根据比赛场地和运动员的体重、技术特点、用力部位而自行调节。

早在1978年，仅足球鞋一类，阿迪达斯公司在世界各地获得的专利就达700多项。经过几十年的苦心经营，阿迪达斯公司从一个仅有几十名职工的小厂发展成为一家跨国公司。2012年，阿迪达斯成功入选全球可持续发展百强企业。

目前，它已是拥有四万多名职工的世界头号体育用品公司。它的分公司分布在全球50多个国家，产品行销160多个国家和地区。阿达斯公司的鞋成为体育明星追求时髦、崇尚健美的"好伙伴"。

社会是发展变化的，也只有跟上时代的变化才能求得发展。要有变化就需要创新，不断创新就有希望，与时俱进就能生存。这是商道经营的铁律，也是成大事的又一法则。要想让你的产品能牢牢地吸引顾客，就要不断地开拓市场，就要有永不停息的创新精神。